TEMES CLAU 05

# FONAMENTS
# MATEMÀTICS
PER A ENGINYERIA DE TELECOMUNICACIONS
## PROBLEMES RESOLTS

Lali Barrière Figueroa

UPC Edicions UPC

UNIVERSITAT POLITÈCNICA DE CATALUNYA

Aquesta obra compta amb el suport de la Generalitat de Catalunya

Disseny de la coberta: Ernest Castelltort


Primera edició: setembre de 2007
Reimpressió: agost de 2009

©   Lali Barrière, 2007

©   Edicions UPC, 2007
    Edicions de la Universitat Politècnica de Catalunya, SL
    Jordi Girona Salgado 1-3, 08034 Barcelona
    Tel.: 934 137 540   Fax: 934 137 541
    Edicions Virtuals: www.edicionsupc.es
    E-mail: edicions-upc@upc.edu

Producció:    LIGHTNING SOURCE

Dipòsit legal: B-44848-2007
ISBN: 978-84-8301-928-3

# Presentació

Aquest llibre és un complement al llibre *Fonaments matemàtics per a l'enginyeria de telecomunicació*, que presenta els continguts de l'assignatura *Fonaments de Matemàtiques 1* de l'Escola Politècnica Superior de Castelldefels de la Universitat Politècnica de Catalunya.

Conté, per a cadascun dels temes de l'assignatura, una col·lecció de problemes resolts. Molts d'aquests problemes són problemes fets a classe o proposats als exàmens en els darrers anys, al llarg dels quals l'autora ha impartit l'assignatura.

Tot i la dificultat d'incloure tots els tipus diferents de problemes, s'ha intentat donar-ne una llista prou representativa i variada. En la resolució dels problemes s'expliciten els càlculs i, sovint, es recolzen en interpretacions gràfiques que en faciliten la comprensió.

Espero que us sigui útil.

L'autora

# Índex

# 6 Integració de funcions de dues variables     103

# 1 Funcions, equacions i gràfiques

En el primer apartat d'aquest capítol trobareu problemes sobre rectes i còniques, l'objectiu dels quals és conèixer tant les equacions com les gràfiques d'aquestes corbes.

El segon apartat inclou problemes sobre funcions elementals, destinats a recordar-ne les propietats més importants. Ens interessa treballar la manipulació d'aquestes funcions a nivell operatiu, a més de conèixer, igual que amb les rectes i còniques, les seves gràfiques.

## 1.1   Rectes i còniques

**Problema 1.1** Escriu les equacions vectorial, punt-pendent, explícita i implícita de la recta paral·lela a $x + y = 0$ que passa pel punt $(3, -2)$.

**Solució** Aïllant $y$ de l'equació de la recta donada s'obté $x + y = 0 \Leftrightarrow y = -x$. El pendent d'aquesta recta i, per tant, el de la recta buscada, és $m = -1$. El vector $\vec{v} = (1, -1)$ n'és un vector director.

Podem escriure les equacions demanades:

- Equació vectorial: $(x, y) = (3, -2) + \lambda(-1, 1)$.
- Equació punt-pendent: $y + 2 = -(x - 1)$.
- Equació explícita: $y = -x - 1$.
- Equació implícita: $x + y + 1 = 0$.

**Problema 1.2** Troba l'equació de la recta perpendicular a $2x + y = 7$ que passa pel punt $(1, -1)$.

**Solució** Aïllant $y$ de l'equació de la recta donada trobem

$$2x + y = 7 \Leftrightarrow y = -2x + 7$$

que ens indica que el seu pendent és $-2$. La recta que busquem és perpendicular a aquesta i, per tant, té pendent $m = -\frac{1}{-2} = \frac{1}{2}$. L'equació que busquem és de la forma $y = \frac{1}{2}x + b$.

Per trobar $b$, imposem que la recta passa pel punt $(1, -1)$. Això ens diu que $-1 = \frac{1}{2} + b$, és a dir, $b = -\frac{3}{2}$. La recta buscada és la recta d'equació

$$y = \frac{1}{2}x - \frac{3}{2}$$

**Problema 1.3** Identifica i dibuixa la corba d'equació $x^2 + y^2 - 2x - 4y = 0$.

**Solució** Els termes $x^2$ i $y^2$, amb el mateix coeficient, ens indiquen que la corba és una circumferència. Completant quadrats,

$$x^2 - 2x = x^2 - 2x + 1 - 1 = (x-1)^2 - 1$$
$$y^2 - 4y = y^2 - 4y + 4 - 4 = (y-2)^2 - 4$$

Per tant,

$$x^2 + y^2 - 2x - 4y = 0 \Leftrightarrow (x-1)^2 - 1 + (y-2)^2 - 4 = 0 \Leftrightarrow (x-1)^2 + (y-2)^2 = 5$$

Això ens diu que el centre és $(1,2)$ i el radi $\sqrt{5}$.

Com sempre que representem gràficament una corba, va bé buscar els punts de tall amb els eixos.

$$x^2 + y^2 - 2x - 4y = 0 \text{ i } y = 0 \Leftrightarrow x^2 - 2x = 0 \Leftrightarrow x = 0 \text{ o } x = 2$$
$$x^2 + y^2 - 2x - 4y = 0 \text{ i } x = 0 \Leftrightarrow y^2 - 4y = 0 \Leftrightarrow y = 0 \text{ o } y = 4$$

La circumferència talla els eixos en els punts $(0,0)$, $(2,0)$ i $(0,4)$.

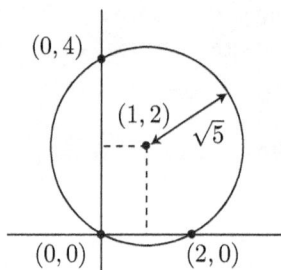

Figura 1.1: La circumferència d'equació $x^2 + y^2 - 2x - 4y = 0$

**Problema 1.4** Identifica i dibuixa la corba d'equació $x^2 + y^2 - 3x + 4y = 0$.

**Solució** Com que l'equació conté $x^2$ i $y^2$, tots dos amb el mateix coeficient, es tracta d'una circumferència. Completant quadrats,

$$x^2 - 3x = x^2 - 3x + \left(\tfrac{3}{2}\right)^2 - \left(\tfrac{3}{2}\right)^2 = \left(x - \tfrac{3}{2}\right)^2 - \left(\tfrac{3}{2}\right)^2$$
$$y^2 + 4y = y^2 + 4y + 4 - 4 = (y+2)^2 - 4$$

Per tant,

$$x^2 + y^2 - 3x + 4y = 0 \Leftrightarrow \left(x - \frac{3}{2}\right)^2 + (y+2)^2 - \left(\frac{3}{2}\right)^2 - 4 = 0 \Leftrightarrow \left(x - \frac{3}{2}\right)^2 + (y+2)^2 = \frac{25}{4}$$

Aquesta és l'equació canònica de la circumferència de centre $(\frac{3}{2}, -2)$ i radi $\frac{5}{2}$. Per poder-la representar còmodament es poden calcular els punts de tall amb els eixos.

$$x^2 + y^2 - 3x + 4y = 0 \text{ i } y = 0 \Leftrightarrow x^2 - 3x = 0 \Leftrightarrow x = 0 \text{ o } x = 3$$
$$x^2 + y^2 - 3x + 4y = 0 \text{ i } x = 0 \Leftrightarrow y^2 + 4y = 0 \Leftrightarrow y = 0 \text{ o } y = -4$$

Els punts de tall són, per tant, $(0,0)$, $(3,0)$ i $(0,-4)$.

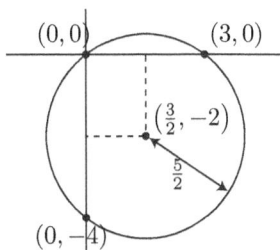

Figura 1.2: La circumferència d'equació $x^2 + y^2 - 3x + 4y = 0$

**Problema 1.5** Identifica i dibuixa la corba d'equació $xy = -4$.

**Solució** Aquesta corba és la gràfica de la funció $y = \frac{-4}{x}$. Es tracta d'una hipèrbola equilàtera d'asímptotes $x = 0$ i $y = 0$, com totes les corbes d'equació $xy = c$, amb $c$ constant. Com que la constant $c = -4$ és negativa, les dues branques es troben al segon i al quart quadrants.

Fent $x = -y$, trobem que aquesta hipèrbola passa pels punts $(2, -2)$ i $(-2, 2)$.

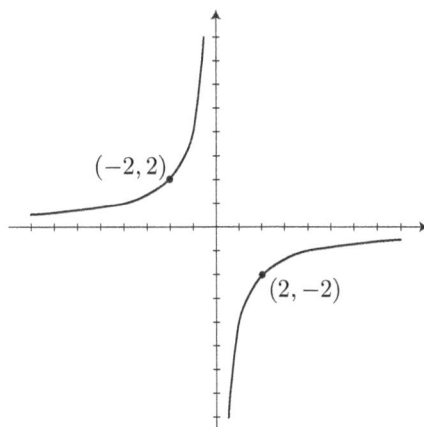

Figura 1.3: La hipèrbola d'equació $xy = -4$

**Problema 1.6** Identifica i dibuixa la corba d'equació $3x^2 + 5y^2 = 75$.

**Solució** Com que tenim $x^2$ i $y^2$ amb coeficients diferents, però d'igual signe, es tracta d'una el·lipse. Per trobar els semieixos i els focus, igualem l'equació a 1, dividint per 75.

$$3x^2 + 5y^2 = 75 \Leftrightarrow \frac{x^2}{25} + \frac{y^2}{15} = 1$$

Els semieixos són $a = 5$ i $b = \sqrt{15}$ i els focus $(-\sqrt{a^2 - b^2}, 0)$ i $(\sqrt{a^2 - b^2}, 0)$, és a dir, $(-\sqrt{10}, 0)$ i $(\sqrt{10}, 0)$.

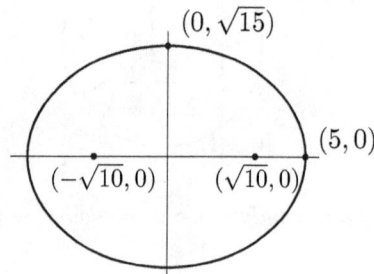

*Figura 1.4: L'el·lipse d'equació $3x^2 + 5y^2 = 75$*

**Problema 1.7** Identifica i dibuixa la corba d'equació $x^2 + y^2 - \sqrt{3}x + y = 3$.

**Solució** L'equació és la d'una circumferència, perquè els coeficients de $x^2$ i $y^2$ són iguals. L'equació de la circumferència de centre $(a, b)$ i radi $r$ és $(x - a)^2 + (y - b)^2 = r^2$.

Desenvolupem l'equació i la igualem amb l'equació donada.

$$(x - a)^2 + (y - b)^2 = r^2 \Leftrightarrow x^2 + y^2 - 2ax - 2by = r^2 - a^2 - b^2 \Rightarrow -2a = -\sqrt{3}, \quad -2b = 1$$

Per tant, $a = \frac{\sqrt{3}}{2}$, $b = \frac{-1}{2}$, $r = 2$. El centre és el punt $\left(\frac{\sqrt{3}}{2}, \frac{-1}{2}\right)$ i el radi val 2. Fixeu-vos que en aquest cas no hem aplicat el mètode de compleció de quadrats, com havíem fet als problemes 1.3 i 1.4.

Calculem els punts on la circumferència talla els eixos.

$$x^2 + y^2 - \sqrt{3}x + y = 3 \text{ i } y = 0 \Leftrightarrow x^2 - \sqrt{3}x - 3 = 0 \Leftrightarrow x = \frac{\sqrt{3} \pm \sqrt{15}}{2}$$
$$x^2 + y^2 - \sqrt{3}x + y = 3 \text{ i } x = 0 \Leftrightarrow y^2 + y - 3 = 0 \Leftrightarrow y = \frac{1 \pm \sqrt{13}}{2}$$

Els punts de tall són, per tant, $\left(\frac{\sqrt{3}-\sqrt{15}}{2}, 0\right)$, $\left(\frac{\sqrt{3}+\sqrt{15}}{2}, 0\right)$, $\left(0, \frac{1-\sqrt{13}}{2}\right)$ i $\left(0, \frac{1+\sqrt{13}}{2}\right)$.

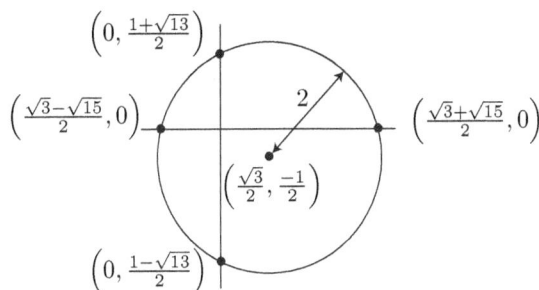

*Figura 1.5: La circumferència d'equació $x^2 + y^2 - \sqrt{3}x + y = 3$*

## 1.2 Funcions elementals

### 1.2.1 Exponencial i logaritme

**Problema 1.8** Considerem les funcions $f(x) = 2^{2x}$ i $g(x) = 2^x + 2$.

1. Troba els punts de tall amb els eixos coordenats de les funcions $y = f(x)$ i $y = g(x)$.

   **Solució** Els punts de tall amb l'eix $x$ són els punts de la corba que compleixen $y = 0$, els punts de tall amb l'eix $y$ són els punts de la corba que compleixen $x = 0$:

   - La funció $y = 2^{2x}$ no talla l'eix $x$ i talla l'eix $y$ en $x = 0$, $y = 2^{2 \cdot 0} = 1$, és a dir, el punt $(0, 1)$.
   - La funció $y = 2^x + 2$ no talla l'eix $x$ i talla l'eix $y$ en $x = 0$, $y = 2^0 + 2 = 3$, és a dir, el punt $(0, 3)$.

2. Troba els punts de tall de les dues corbes, $f(x) = g(x)$.

   **Solució** Se'ns demana trobar els punts $(x, y)$ amb $x$ solució de l'equació $2^{2x} = 2^x + 2$ i $y = 2^{2x}$. És a dir,
   $$2^{2x} = 2^x + 2 \Leftrightarrow 2^{2x} - 2^x - 2 = 0$$

   Com que $2^{2x} = (2^x)^2$, fem el canvi $X = 2^x$ per obtenir una equació de segon grau.

   $$2^{2x} - 2^x - 2 = 0 \Leftrightarrow X^2 - X - 2 = 0 \Leftrightarrow X = \frac{1 \pm \sqrt{1+8}}{2} = 2, -1$$

   Com que $X = 2^x$ no pot ser negatiu, tenim com a única solució $X = 2$. Ara hem de desfer el canvi, és a dir, aplicar que $x = \log_2 X$. Tindrem, doncs, $x = \log_2 2 = 1$ i $y = 2^{2x} = 2^2 = 4$.

   Les dues funcions es tallen en un únic punt, $(1, 4)$.

3. Representa gràficament les funcions $y = f(x)$ i $h(x) = \frac{1}{f(x)}$.

   **Solució** Hem de representar $y = f(x) = 2^{2x} = 4^x$ i $h(x) = \frac{1}{f(x)} = 2^{-2x} = 4^{-x}$. Utilitzem escales diferents per $x$ i per $y$.

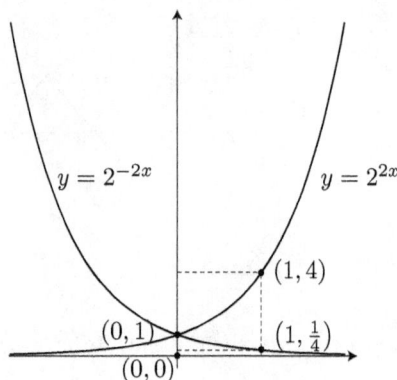

*Figura 1.6: Les gràfiques de les funcions $y = 2^{2x}$ i $y = 2^{-2x}$*

**Problema 1.9** Resol l'equació $3^x + \dfrac{2}{3^x} = 3$.

**Solució** Passem a denominador comú i simplifiquem.

$$3^x + \frac{2}{3^x} = 3 \Leftrightarrow \frac{3^{2x}}{3^x} + \frac{2}{3^x} = \frac{3 \cdot 3^x}{3^x} \Leftrightarrow 3^{2x} - 3 \cdot 3^x + 2 = 0$$

Com que $3^{2x} = (3^x)^2$, fem el canvi $y = 3^x$ per obtenir una equació de segon grau.

$$3^{2x} - 3 \cdot 3^x + 2 = 0 \Leftrightarrow y^2 - 3y + 2 = 0 \text{ i } x = \log_3 y$$

Les solucions de l'equació són $y = \frac{3 \pm \sqrt{1}}{2} \Rightarrow \begin{cases} y = 2 \Rightarrow x = \log_3 2 \\ y = 1 \Rightarrow x = 0 \end{cases}$

**Problema 1.10** Resol l'equació $4^{2x+1} = \left(\frac{1}{2}\right)^{3x+5}$.

**Solució** Com que $4 = 2^2$ i $\frac{1}{2} = 2^{-1}$, podem escriure les dues exponencials com exponencials de base 2.

$$4^{2x+1} = 2^{2(2x+1)}, \qquad \left(\frac{1}{2}\right)^{3x+5} = 2^{-1(3x+5)}$$

Per tant,

$$4^{2x+1} = \left(\frac{1}{2}\right)^{3x+5} \Leftrightarrow 2^{4x+2} = 2^{-3x-5} \Rightarrow 4x + 2 = -3x - 5 \Rightarrow x = -1$$

**Problema 1.11** Resol el sistema d'equacions $\begin{cases} 2^{x+2} + 4^y = 1 \\ 2^{x+3} - 4^{y+1} = -1 \end{cases}$

**Solució** El sistema conté exponencials de base 2 amb exponent $x$ i de base 4 amb exponent $y$. Fent la substitució $X = 2^x$ i $Y = 4^y$ el sistema queda

$$\begin{cases} 4X + Y = 1 \\ 8X - 4Y = -1 \end{cases}$$

que és un sistema de dues equacions lineals, amb dues incògnites. A més, $x = \log_2 X$ i $y = \log_4 Y$. Resolem per substitució, aïllant $Y$ de la primera equació i substituint a la segona.

$$Y = 1 - 4X \Rightarrow 8X - 4(1 - 4X) = 1 \Rightarrow 32X = 5 \Rightarrow X = \frac{1}{8} = 2^{-3}, \, Y = 1 - 4 \cdot \frac{1}{8} = \frac{1}{2} = 2^{-1}$$

Per tant,

$$X = 2^x = 2^{-3} \Rightarrow x = -3$$
$$Y = 4^y = 2^{2y} = 2^{-1} \Rightarrow 2y = -1 \Rightarrow y = -\frac{1}{2}$$

i la solució del sistema és $x = -3$, $y = -\frac{1}{2}$.

**Problema 1.12** Resol el sistema d'equacions $\begin{cases} 2^x + 3 \cdot 5^y = 23 \\ 2^{x+1} + 5^{y+2} = 141 \end{cases}$

**Solució** El sistema conté exponencials de base 2 amb exponent $x$ i de base 5 amb exponent $y$. Fent la substitució $a = 2^x$ i $b = 5^y$ el sistema queda

$$\begin{cases} a + 3b = 23 \\ 2a + 25b = 141 \end{cases}$$

Resolem per reducció, multiplicant la primera equació per $-2$ i sumant.

$$\left. \begin{array}{l} -2a - 6b = -46 \\ 2a + 25b = 141 \end{array} \right\} \Rightarrow 25b - 6b = 141 - 46 \Rightarrow 19b = 95 \Rightarrow b = 5$$

Aïllant $a$ de la primera equació trobem $a = 23 - 3b = 23 - 15 = 8$.

La solució d'aquest sistema és, per tant, $x = \log_2 a = 3$ i $y = \log_5 b = 1$.

**Problema 1.13** Resol l'equació $\log_2 x^2 + \log_2 x = 4$.

**Solució** Escrivim la suma de logaritmes com el logaritme del producte i utilitzem també que $4 = \log_2 2^4 = \log_2 16$.

$$\log_2 x^2 + \log_2 x = \log_2 x^3 = \log_2 16$$

Per tant, la solució de l'equació és $x^3 = 16 \Rightarrow x = \sqrt[3]{16}$.

**Problema 1.14** Resol l'equació $\log(2x) = 3 \log 2 - \log(x - 3)$.

**Solució** Simplifiquem l'equació utilitzant les propietats del logaritme.

$$\log(2x) = 3 \log 2 - \log(x - 3) \Leftrightarrow \log(2x) = \log \frac{8}{x - 3}$$

Per tant, s'ha de complir $2x = \frac{8}{x-3}$ i que els logaritmes de l'equació inicial existeixin. Resolent,

$$2x = \frac{8}{x - 3} \Leftrightarrow 2x(x - 3) = 8 \Leftrightarrow x^2 - 3x - 4 = 0$$

Les solucions d'aquesta equació de segon grau són

$$x = \frac{3 \pm \sqrt{9 + 16}}{2} = \begin{cases} 4 \\ -1 \end{cases}$$

Com que el logaritme d'un nombre negatiu no existeix, l'única solució és $x = 4$.

**Problema 1.15** Resol l'equació $\log_2(x^4 - 3x^2) - 3\log_2 x = 1$.

**Solució** Simplifiquem l'equació utilitzant les propietats del logaritme.

$$\log_2(x^4 - 3x^2) - 3\log_2 x = 1 \Rightarrow \log_2 \frac{x^4 - 3x^2}{x^3} = \log_2 2 \Rightarrow \frac{x^4 - 3x^2}{x^3} = 2 \Rightarrow$$

$$\Rightarrow x^4 - 3x^2 = 2x^3 \Rightarrow x^2(x^2 - 2x - 3) = 0$$

Les solucions de l'equació $x^2(x^2 - 2x - 3) = 0$ són $x = 0$, $x = -1$ i $x = 3$. Tant per a $x = 0$ com per a $x = -1$, no existeixen $\log_2(x^4 - 3x^2)$ ni tampoc $\log_2 x$. Només $x = 3$ és una solució vàlida, l'única per a la qual tots els logaritmes de l'equació inicial existeixen.

**Problema 1.16** Resol l'equació $\log_2(3x^3 - x^2) - 4\log_2 x = 1$

**Solució** Simplifiquem l'equació i resolem.

$$\log_2(3x^3 - x^2) - 4\log_2 x = 1 \Rightarrow \log_2 \frac{3x^3 - x^2}{x^4} = 1 \Rightarrow \frac{3x^3 - x^2}{x^4} = 2 \Rightarrow 2x^4 - 3x^3 + x^2 = 0 \Rightarrow$$

$$\Rightarrow x^2(2x^2 - 3x + 1) = 0 \Rightarrow \begin{cases} x = 0 \text{ o bé} \\ 2x^2 - 3x + 1 = 0 \Leftrightarrow x = \frac{1}{4}(3 \pm \sqrt{9 - 8}) \end{cases}$$

Les possibles solucions són $x = 0$, $x = 1$ i $x = \frac{1}{2}$. Però els logaritmes de l'equació no existeixen si $x = 0$. Per tant, la solució és $x = 1$ o bé $x = \frac{1}{2}$.

**Problema 1.17** Troba les solucions de l'equació logarítmica $\log(3x + 4) - \log(2 - 3x) = 2\log 5$.

**Solució** Simplifiquem l'equació.

$$\log(3x + 4) - \log(2 - 3x) = 2\log 5 \Rightarrow \log \frac{3x + 4}{2 - 3x} = \log 25$$

Per tant,

$$\frac{3x + 4}{2 - 3x} = 25 \Rightarrow (3x + 4) = (2 - 3x)25 \Rightarrow 78x = 46 \Rightarrow x = \frac{23}{39}$$

Per comprovar que els logaritmes de l'equació inicial existeixen, hem de comprovar que existeixen $\log(3x + 4)$ i $\log(2 - 3x)$, per a $x = \frac{23}{39}$. És a dir, que $3x + 4$ i $2 - 3x$ són nombres positius, si $x = \frac{23}{39}$.

$$3x + 4 = 3 \cdot \frac{23}{39} + 4 > 0$$
$$2 - 3x = 2 - 3 \cdot \frac{23}{39} = 2 - \frac{23}{13} = \frac{26 - 23}{13} = \frac{3}{13} > 0$$

Hem vist, doncs, que la solució $x = \frac{23}{39}$ és vàlida.

**Observació** Els logaritmes d'aquest exercici són logaritmes de base 10. En aquest cas, la solució és independent de la base del logaritme.

**Problema 1.18** Resol el sistema d'equacions $\begin{cases} \log_2(x - 4) - \log_2 y = 2 \\ 4^x - 16^{y+1} = 2 \end{cases}$

**Solució** Observem que el sistema es compon d'una equació logarítmica i una exponencial. El podem resoldre pel mètode de substitució. Aïllem $x$ de la primera equació, i substituïm a la segona.

$$\log_2(x-4) - \log_2 y = 2 \Rightarrow \log_2 \frac{x-4}{y} = \log_2 4 \Rightarrow \frac{x-4}{y} = 4 \Rightarrow x = 4y + 4$$

$$4^x - 16^{y+1} = 2 \Rightarrow 4^{4y+4} - 16^{y+1} = 2$$

Com que $4^2 = 16$, es compleix $4^{4y} = 16^{2y}$ i l'equació es pot escriure

$$4^4 \cdot 16^{2y} - 16 \cdot 16^y - 2 = 0$$

Fent el canvi de variable $z = 16^y$, obtenim l'equació de segon grau $256z^2 - 16z - 2 = 0$ que equival a

$$128z^2 - 8z - 1 = 0$$

La solució d'aquesta equació és

$$z = \frac{8 \pm \sqrt{64 + 4 \cdot 128}}{256} = \frac{8 \pm \sqrt{64 \cdot 9}}{256} = \frac{1 \pm 3}{32}$$

De les dues solucions, $z = \frac{1}{8}$ i $z = -\frac{1}{16}$, només és vàlida la primera, perquè $z$ ha de ser positiu.

Per trobar $y$, tenim que $z = 16^y = \frac{1}{8}$ que es pot escriure $2^{4y} = 2^{-3}$. D'aquí obtenim $y = -\frac{3}{4}$ i com que $x = 4y + 4$, $x = 1$.

L'única solució possible és $x = 1$ i $y = -\frac{3}{4}$. Ara, hem de comprovar que per a aquests valors de $x$ i $y$ els logaritmes de la primera equació existeixen. Els nombres $x - 4$ i $y$ han de ser positius, però amb $x = 1$, $x - 4 = -3 < 0$. Per tant, el sistema no té solució.

**Problema 1.19** Es defineix la magnitud d'una estrella com $m = -\log_a \ell$, on $a$ és una constant més gran que 1 i $\ell$ és la lluminositat de l'estrella (quantitat física que es mesura amb un fotòmetre). Com que el signe és negatiu, lluminositats més grans donen magnituds més petites.

Se sap que si dues estrelles tenen lluminositats $\ell$ i $100\,\ell$, aleshores la diferència entre les seves magnituds és de 5 unitats.

Quina és la base del logaritme que s'ha fet servir?

**Solució** Si l'estrella de lluminositat $\ell$ té magnitud $m$, aleshores l'estrella de lluminositat $100\,\ell$ té magnitud $m - 5$. Per tant,

$$\left.\begin{array}{l} m = -\log_a \ell \\ m - 5 = -\log_a 100\ell \end{array}\right\} \Rightarrow m - 5 = -\log_a 100\ell = -\log_a 100 - \log_a \ell = -\log_a 100 + m$$

Tindrem $-5 = -\log_a 100 \Rightarrow a^5 = 100$ i la base del logaritme és $a = \sqrt[5]{100}$.

## 1.2.2 Valor absolut

**Problema 1.20** Resol l'equació $|x^2 - 4x + 3| = 1$.

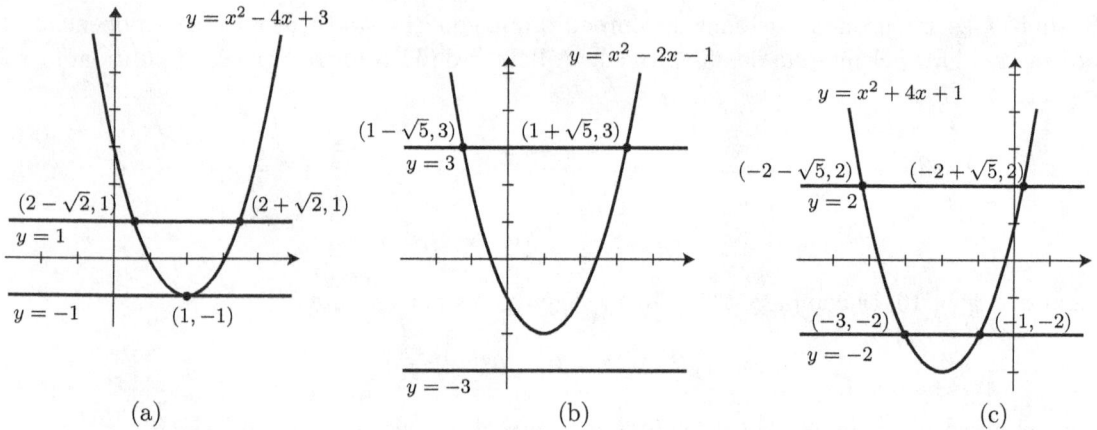

*Figura 1.7: (a) Punts de tall entre la paràbola $y = x^2 - 4x + 3$ i les rectes $y = 1$ i $y = -1$. (b) Punts de tall entre la paràbola $y = x^2 - 2x - 1$ i la recta $y = 3$. La recta $y = -3$ no talla la paràbola. (c) Punts de tall entre la paràbola $y = x^2 + 4x + 1$ i les rectes $y = 2$ i $y = -2$.*

**Solució** De la definició del valor absolut, $|x^2 - 4x + 3| = 1 \Leftrightarrow x^2 - 4x + 3 = \pm 1$. Busquem les solucions en cada cas:

$$x^2 - 4x + 3 = 1 \Leftrightarrow x^2 - 4x + 2 = 0 \Rightarrow x = 2 \pm \sqrt{2}$$
$$x^2 - 4x + 3 = -1 \Leftrightarrow x^2 - 4x + 4 = 0 \Rightarrow x = 2$$

La solució és $x = 2 + \sqrt{2}$, $x = 2 - \sqrt{2}$ o bé $x = 2$.

El problema es pot resoldre gràficament. Es tracta de trobar els punts on la paràbola d'equació $y = x^2 - 4x + 3$ es talla amb les rectes $y = 1$ i $y = -1$. Vegeu la figura 1.7 (a).

**Problema 1.21** Resol l'equació $|x^2 - 2x - 1| = 3$.

**Solució** L'equació que conté el valor absolut dóna lloc a dues equacions possibles.

$$|x^2 - 2x - 1| = 3 \Leftrightarrow \begin{cases} x^2 - 2x - 1 = 3 \text{ o bé} \\ x^2 - 2x - 1 = -3 \end{cases}$$

Resolem cada cas:

- $x^2 - 2x - 1 = 3 \Leftrightarrow x^2 - 2x - 4 = 0 \Leftrightarrow x = 1 \pm \sqrt{1 + 4} = \begin{cases} 1 - \sqrt{5} \\ 1 + \sqrt{5} \end{cases}$

- $x^2 - 2x - 1 = -3 \Leftrightarrow x^2 - 2x + 2 = 0 \Leftrightarrow x = 1 \pm \sqrt{-3}$. En aquest cas, per tant, no hi ha solució.

La solució és $x = 1 - \sqrt{5}$ o bé $x = 1 + \sqrt{5}$.

Per resoldre el problema gràficament, busquem els punts on la paràbola d'equació $y = x^2 - 2x - 1$ es talla amb les rectes $y = 3$ o $y = -3$. Vegeu la figura 1.7 (b).

**Problema 1.22** Resol l'equació $|x^2 + 4x + 1| = 2$.

**Solució** Les dues possibles equacions són

$$|x^2 + 4x + 1| = 2 \Leftrightarrow \begin{cases} x^2 + 4x + 1 = 2 \Leftrightarrow x^2 + 4x - 1 = 0 \Leftrightarrow x = -2 \pm \sqrt{5} \\ \text{o bé} \\ x^2 + 4x + 1 = -2 \Leftrightarrow x^2 + 4x + 3 = 0 \Leftrightarrow x = -2 \pm \sqrt{1} = -1, -3 \end{cases}$$

Hi ha, per tant, quatre solucions: $x = -2 - \sqrt{5}$, $x = -2 - \sqrt{5}$, $x = -1$ i $x = -3$.

Per resoldre el problema gràficament, busquem els punts on la paràbola d'equació $y = x^2 + 4x + 1$ es talla amb les rectes $y = 2$ o $y = -2$. Vegeu la figura 1.7 (c).

**Problema 1.23** Resol la inequació $|x| > x$.

**Solució** Sabem que $|x| \geq 0$. A més, si $x \geq 0 \Rightarrow |x| = x$. Per tant, la solució és $x < 0$.

**Problema 1.24** Resol la inequació $|x^2 - 4x + 5| \leq 2$.

**Solució** El valor absolut en la inequació ens indica que, en realitat, s'han de complir dues inequacions.

$$|x^2 - 4x + 5| \leq 2 \Leftrightarrow -2 \leq x^2 - 4x + 5 \leq 2$$

Calculem els punts que compleixen cadascuna de les condicions. La solució és el conjunt de punts que compleixen les dues condicions alhora:

- L'equació $-2 \leq x^2 - 4x + 5$ és equivalent a

$$x^2 - 4x + 7 \geq 0$$

  Resolent l'equació de segon grau trobem els punts que satisfan la igualtat.

$$x^2 - 4x + 7 = 0 \Leftrightarrow x = -2 \pm \mathrm{j}\sqrt{3}$$

  Com que l'equació no té solució, $x^2 - 4x + 7$ és sempre positiu o sempre negatiu. Comprovem quin és el signe, substituint $x$ per un valor qualsevol.

$$x = 0 \Rightarrow x^2 - 4x + 7 = 0^2 - 4 \cdot 0 + 7 = 7 > 0$$

  Per tant, la primera condició es compleix sempre.

- L'equació $x^2 - 4x + 5 \leq 2$ és equivalent a

$$x^2 - 4x + 3 \leq 0$$

  Resolent l'equació de segon grau trobem els punts que satisfan la igualtat.

$$x^2 - 4x + 3 = 0 \Leftrightarrow x = 1 \text{ o bé } x = 3$$

  Per tant, el signe de $x^2 - 4x + 3$ depèn de quin sigui l'interval on ens trobem: $(-\infty, 1]$, $[1, 3]$, o bé $[3, +\infty)$. Comprovem en quin o quins d'aquests intervals el valor és negatiu, substituint $x$ per un valor adequat:

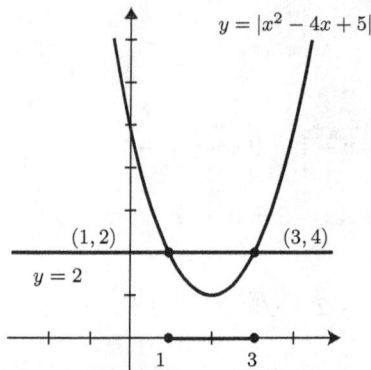

(a) Solució: $1 \leq x \leq 3$.

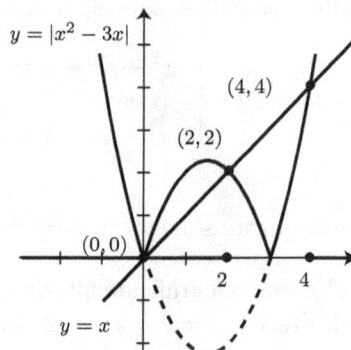

(b) Solució: $x \leq 2$ o bé $x \geq 4$.

*Figura 1.8: (a) La solució gràfica de la inequació $|x^2 - 4x + 5| \leq 2$. (b) La solució gràfica de la inequació $|x^2 - 3x| \geq x$*

- Interval $(-\infty, 1]$: $x = 0 \Rightarrow x^2 - 4x + 3 = 0^2 - 4 \times 0 + 3 = 3 \geq 0$.
- Interval $[1, 3]$: $x = 2 \Rightarrow x^2 - 4x + 3 = 2^2 - 4 \times 2 + 3 = -2 \leq 0$.
- Interval $[3, +\infty)$: $x = 10 \Rightarrow x^2 - 4x + 3 = 10^2 - 4 \times 10 + 3 = 57 \geq 0$.

La segona condició es compleix per $x \in [1, 3]$.

La solució és, doncs, $x \in [1, 3]$.

El problema també es pot resoldre gràficament. Com que $x^2 - 4x + 5 = (x - 2)^2 + 1 > 0$, es té que $|x^2 - 4x + 5| = x^2 - 4x + 5$. Aleshores, hem de buscar quins són els punts de l'eix $x$ per al quals la paràbola $y = x^2 - 4x + 5$ queda per sota de la recta $y = 2$.

La solució gràfica d'aquest problema es troba a la figura 1.8 (a).

**Problema 1.25** Resol la inequació $|x^2 - 3x| \geq x$.

**Solució** Per resoldre el problema gràficament representem les dues funcions $y = |x^2 - 3x|$ i $y = x$. Per representar la funció $y = |x^2 - 3x|$, representem la paràbola $y = x^2 - 3x$ i fem simetria respecte de l'eix $x$ en els intervals on sigui negativa.

La solució de la inequació són els punts per als quals la gràfica de $y = |x^2 - 3x|$ està per sobre de la de $y = x$. Vegeu la figura 1.8 (b).

A continuació donem la solució analítica del problema. Escrivim les condicions equivalents a la inequació amb valor absolut:

$$|x^2 - 3x| \geq x \Leftrightarrow \begin{cases} x \leq 0, \text{ o bé} \\ x \geq 0, \text{ i} \begin{cases} x \leq x^2 - 3x, \text{ o bé} \\ x \leq 3x - x^2 \end{cases} \end{cases}$$

- En el cas $x \leq 0$, no cal calcular res.
- En el cas $x \geq 0$, tenim dos casos:
  - $x \leq x^2 - 3x \Leftrightarrow x^2 - 4x \geq 0 \Leftrightarrow x(x-4) \geq 0$. Com que $x \geq 0$, això equival a $x - 4 \geq 0$, és a dir, $x \geq 4$.
  - $x \leq 3x - x^2 \Leftrightarrow x^2 - 2x \leq 0 \Leftrightarrow x(x-2) \leq 0$. Com que $x \geq 0$, això equival a $x - 2 \leq 0$, és a dir, $x \leq 2$.

La solució trobada és $x \leq 0$; o bé $x \geq 0$ i $x \leq 2$; o bé $x \geq 0$ i $x \geq 4$. En resum,

$$x \leq 2 \text{ o bé } x \geq 4$$

que també es pot escriure

$$x \in (-\infty, 2] \cup [4, +\infty)$$

Observem que és la mateixa solució que hem trobat en la resolució gràfica del problema.

### 1.2.3 Funcions trigonomètriques

**Problema 1.26** Resol les equacions següents.

1. $\sin x = \frac{1}{2}$

   **Solució** L'angle del primer quadrant que té sinus $\frac{1}{2}$ és $\alpha = \frac{\pi}{6}$. Com que $\sin \alpha = \sin(\pi - \alpha)$, l'angle $\alpha = \pi - \frac{\pi}{6} = \frac{5\pi}{6}$ també és solució de l'equació. A més, sumant una volta sencera a un angle el valor de la funció sinus no canvia.

   Així,

   $$x = \begin{cases} \frac{\pi}{6} + k2\pi \\ \frac{5\pi}{6} + k2\pi \end{cases}$$

   amb $k$ un enter qualsevol.

2. $\cos\left(3x + \frac{\pi}{5}\right) = \frac{\sqrt{2}}{2}$

   **Solució** L'angle del primer quadrant que té cosinus $\frac{\sqrt{2}}{2}$ és $\alpha = \frac{\pi}{4}$. Com que $\cos \alpha = \cos(-\alpha)$, l'angle $\alpha = -\frac{\pi}{4}$ també té cosinus $\frac{\sqrt{2}}{2}$. A més, sumant una volta sencera a un angle el valor de la funció cosinus no canvia.

   Així,

   $$3x + \frac{\pi}{5} = \pm\frac{\pi}{4} + k2\pi \Rightarrow x = \frac{\pi}{15} \pm \frac{\pi}{12} + k\frac{2\pi}{3}$$

   amb $k$ un enter qualsevol.

3. $\tan 2x = 1$

   **Solució** L'angle del primer quadrant que té tangent 1 és $\alpha = \frac{\pi}{4}$. A més, sumant una volta sencera a un angle el valor de la funció tangent no canvia.

   Així,

   $$2x = \frac{\pi}{4} + k\pi \Rightarrow x = \frac{\pi}{8} + k\frac{\pi}{2}$$

   amb $k$ un enter qualsevol.

**Problema 1.27** Dóna un valor de $x$ que compleixi $\sin 2x = \cos x$. Dibuixa en una gràfica les dues funcions $y = \sin 2x$ i $y = \cos x$. El valor que has trobat abans, és l'únic que satisfà l'equació?

**Solució** Si $A$ i $B$ són angles del primer quadrant i $A + B = \frac{\pi}{2}$, aleshores

$$\sin A = \cos B$$

En aquest cas, volem que $B = x$ i $A = 2x$. Podem escriure l'equació

$$A + B = 2x + x = \frac{\pi}{2} \Rightarrow 3x = \frac{\pi}{2} \Rightarrow x = \frac{\pi}{6}$$

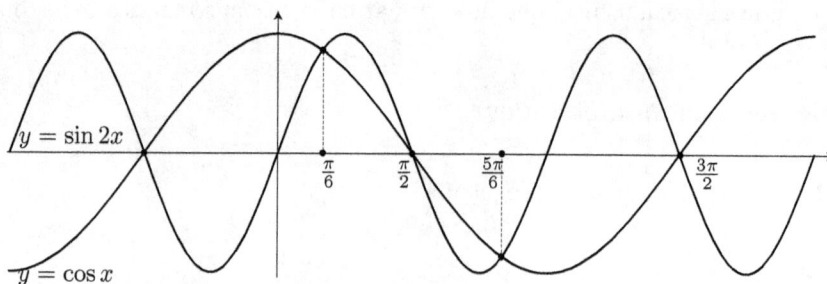

*Figura 1.9: Gràfiques de les funcions $y = \sin 2x$ i $y = \cos x$*

Com es veu a la gràfica, hi ha més punts que compleixen l'equació. De fet, es pot veure, encara que és una mica més difícil, que la solució general de l'equació és

$$x = \begin{cases} \frac{\pi}{6} + k2\pi \\ \frac{5\pi}{6} + k2\pi \\ \frac{\pi}{2} + k\pi \end{cases}$$

amb $k$ un enter qualsevol.

# 2 Nombres complexos

En aquest capítol hi ha problemes resolts sobre els nombres complexos i les seves propietats.

En el primer apartat hi ha els problemes de càlculs amb nombres complexos en forma binòmica i en forma exponencial. A continuació hi ha alguns problemes d'aplicació de la fórmula d'Euler, que ens permet relacionar els nombres complexos amb les funcions trigonomètriques, i de càlculs d'arrels.

Un apartat important és l'apartat de descomposició de polinomis, en el qual s'apliquen els mètodes que tenim a l'abast i els coneixements sobre nombres complexos per calcular arrels de polinomis i escriure'n la seva descomposició.

## 2.1 Operacions bàsiques en forma binòmica i exponencial

**Problema 2.1** Calcula $\frac{\sqrt{3}+j}{-1+\sqrt{3}j}$ en forma binòmica i en forma exponencial.

**Solució** Primer fem l'operació de dividir, i després escrivim el resultat en les dues formes demanades. Com que numerador i denominador estan tots dos en forma binòmica, podem fer la divisió directament en forma binòmica. Si volem fer la divisió en forma exponencial, hem de poder passar a forma exponencial el numerador i el denominador. En aquest cas es pot, ja que, com veurem, els arguments del numerador i el denominador són coneguts. Per tant, tenim dues maneres de fer el problema:

- Dividim en forma binòmica i el resultat, que estarà en forma binòmica, el passem també a forma exponencial.
- Passem el numerador i el denominador a forma exponencial, dividim en forma exponencial i el resultat, que estarà en forma exponencial, el passem també a forma binòmica.

Farem el problema de les dues maneres.

**Càlculs en forma binòmica**   La divisió en binòmica es fa multiplicant i dividint pel conjugat del denominador.

$$\frac{\sqrt{3}+j}{-1+\sqrt{3}j} = \frac{(\sqrt{3}+j)(-1-\sqrt{3}j)}{(-1+\sqrt{3}j)(-1-\sqrt{3}j)} = \frac{-\sqrt{3}-j-3j-\sqrt{3}j^2}{1+3} = \frac{-\sqrt{3}+\sqrt{3}-4j}{4} = -j$$

Ara, passem el resultat de la divisió a forma exponencial. Hem de buscar el mòdul i l'argument de $-j$.

- Mòdul: $|-j| = \sqrt{0^2 + 1^2} = \sqrt{1} = 1$

- Argument: $\arg(-j) = \arctan\frac{-1}{0} = \arctan(-\infty) = -\pi/2$

Així, podrem escriure

$$\frac{\sqrt{3}+j}{-1+\sqrt{3}j} = \begin{cases} -j & \text{en binòmica} \\ e^{-\frac{\pi}{2}j} & \text{en exponencial} \end{cases}$$

**Càlculs en forma exponencial**   Passem numerador i denominador a forma exponencial.

- Numerador:

$$|\sqrt{3}+j| = \sqrt{3+1} = 2$$
$$\arg(\sqrt{3}+j) = \arctan\frac{1}{\sqrt{3}} = \frac{\pi}{6}$$

Per tant, $\sqrt{3}+j = 2 \cdot e^{\frac{\pi}{6}j}$

- Denominador:

$$|-1+\sqrt{3}j| = \sqrt{1+3} = 2$$
$$\arg(-1+\sqrt{3}j) = \arctan(-\sqrt{3}) + \pi = \frac{-\pi}{3} + \pi = \frac{2\pi}{3}$$

Per tant, $-1+\sqrt{3}j = 2 \cdot e^{\frac{2\pi}{3}j}$

La divisió en forma exponencial es fa dividint mòduls i restant arguments.

$$\frac{\sqrt{3}+j}{-1+\sqrt{3}j} = \frac{2 \cdot e^{\frac{\pi}{6}j}}{2 \cdot e^{\frac{2\pi}{3}j}} = \frac{2}{2} \cdot e^{(\frac{\pi}{6}-\frac{2\pi}{3})j} = e^{-\frac{\pi}{2}j}$$

Ara, passem el resultat de la divisió a forma binòmica, utilitzant $r \cdot e^{\alpha j} = r \cdot \cos\alpha + j \cdot r \cdot \sin\alpha$. Com que $\cos(-\frac{\pi}{2}) = 0$ i $\sin(-\frac{\pi}{2}) = -1$, tindrem

$$\frac{\sqrt{3}+j}{-1+\sqrt{3}j} = \begin{cases} e^{-\frac{\pi}{2}j} & \text{en forma exponencial} \\ -j & \text{en forma binòmica} \end{cases}$$

**Observació**   Per calcular l'argument d'un nombre complex en binòmica, podem utilitzar la seva representació gràfica, com es veu a la figura següent.

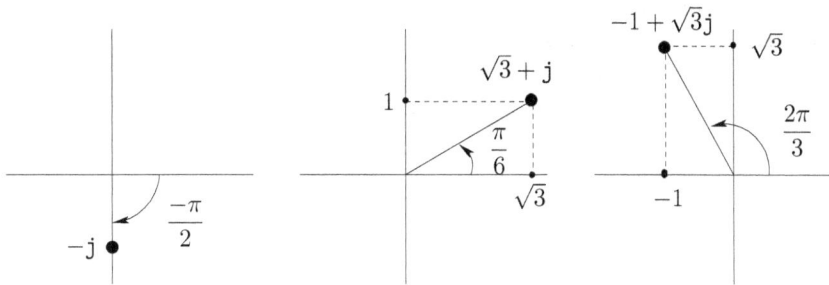

*Figura 2.1: Arguments del numerador, del denominador i de $z$*

**Problema 2.2** Dóna el mòdul i l'argument principal de $z = \frac{(1-j)^2 e^{j(\pi-2j)}}{1+\sqrt{3}j}$.

**Solució** Desenvolupem el quadrat del numerador i passem el denominador a forma exponencial. Després simplifiquem i fem a divisió.

$$z = \frac{(1-j)^2 e^{j(\pi-2j)}}{1+\sqrt{3}j} = \frac{-2j e^{2+j\pi}}{2 e^{j\pi/3}} = \frac{e^2 e^{j\pi/2}}{e^{j\pi/3}} = e^2 e^{j\pi/6}$$

Per tant, el mòdul de $z$ és $|z| = e^2$ i el seu argument $\arg(z) = \frac{\pi}{6}$.

**Problema 2.3** Representa en el pla complex i escriu en forma exponencial el nombre complex $z = a - aj$, on $a$ és un nombre real negatiu.

**Solució** Per representar $z$, tindrem en compte que $Re(z) = a$ és negatiu, i $Im(z) = -a$ és positiu. Per tant, $z$ es troba al segon quadrant.

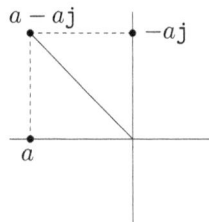

*Figura 2.2: Representació gràfica de $z = a - aj$*

Per donar la forma exponencial de $z$, hem de calcular el seu mòdul i el seu argument.

$$|z| = \sqrt{a^2 + a^2} = \sqrt{2a^2} = -a\sqrt{2}$$

$$(z) = \arctan\frac{-a}{a} + \pi = \arctan(-1) + \pi = -\frac{\pi}{4} + \pi = \frac{3\pi}{4}$$

**Observacions** Com que el mòdul ha de ser positiu, prenem $\sqrt{2a^2} = -a\sqrt{2}$. Una altra cosa a observar és que l'argument es pot trobar utilitzant la representació gràfica de $z$. Tenint en compte que la part real i la part imaginària de $z$ tenen el mateix valor absolut, veiem que l'angle que forma el punt $z = a - a\mathtt{j}$ amb l'eix horitzontal negatiu és igual a $\frac{\pi}{4}$, i, per tant, l'argument de $z$, que és l'angle que forma amb l'eix horitzontal positiu és igual a $\frac{3\pi}{4}$.

Així doncs,

$$z = -a\sqrt{2} \cdot e^{\frac{3\pi}{4}\mathtt{j}}$$

**Problema 2.4** Donat el nombre complex $z = \mathtt{j} \cdot e^{\mathtt{j}\left(-3\mathtt{j} + \frac{\pi}{4}\right)}$, troba el seu mòdul i el seu argument. Escriu $z$ en forma binòmica.

**Solució** En primer lloc observem que $z$ no està ni en forma binòmica ni en forma exponencial. Per escriure $z$ en una de les dues formes, primer haurem d'efectuar les operacions: el producte de $\mathtt{j}$ per una exponencial complexa. Tenim dues maneres de fer-ho:

- Passem l'exponencial complexa a forma binòmica i després multipliquem per $\mathtt{j}$. Un cop tinguem el resultat en forma binòmica, busquem el mòdul i l'argument.

- Escrivim $\mathtt{j}$ en forma exponencial i després multipliquem les exponencials. D'aquesta manera, tindrem $z$ en forma exponencial, d'on haurem de treure el mòdul, l'argument, i passar a forma binòmica.

Farem el problema de les dues maneres.

**Càlculs en forma binòmica** Per passar l'exponencial complexa a forma binòmica, primer simplifiquem l'exponent, calculant $\mathtt{j}(-3\mathtt{j} + \pi/4) = 3 + \frac{\pi}{4}\mathtt{j}$. Tindrem doncs $e^{\mathtt{j}(-3\mathtt{j}+\pi/4)} = e^{3+\frac{\pi}{4}\mathtt{j}} = e^3 \cdot e^{\frac{\pi}{4}\mathtt{j}}$. Per passar a forma binòmica, utilitzem $r \cdot e^{\alpha\mathtt{j}} = r \cdot \cos\alpha + \mathtt{j} \cdot r \cdot \sin\alpha$. En aquest cas, $r = e^3$ i $\alpha = \frac{\pi}{4}$. Sabem que $\cos\frac{\pi}{4} = \sin\frac{\pi}{4} = \frac{\sqrt{2}}{2}$ i, per tant,

$$e^{\mathtt{j}(-3\mathtt{j}+\pi/4)} = e^3 \cdot \frac{\sqrt{2}}{2} + e^3 \cdot \frac{\sqrt{2}}{2}\mathtt{j} = \frac{e^3\sqrt{2}}{2} + \frac{e^3\sqrt{2}}{2}\mathtt{j}$$

Ara ja podem multiplicar.

$$z = \mathtt{j} \cdot e^{\mathtt{j}(-3\mathtt{j}+\pi/4)} = \mathtt{j} \cdot \left(\frac{e^3\sqrt{2}}{2} + \frac{e^3\sqrt{2}}{2}\mathtt{j}\right) = -\frac{e^3\sqrt{2}}{2} + \frac{e^3\sqrt{2}}{2}\mathtt{j}$$

A partir d'aquesta expressió de $z$, podem obtenir el mòdul i l'argument de $z$.

$$|z| = \sqrt{\left(-\frac{e^3\sqrt{2}}{2}\right)^2 + \left(\frac{e^3\sqrt{2}}{2}\right)^2} = \sqrt{e^6} = e^3$$

$$\arg(z) = \arctan\frac{-\frac{e^3\sqrt{2}}{2}}{\frac{e^3\sqrt{2}}{2}} + \pi = \arctan(-1) + \pi = -\frac{\pi}{4} + \pi = \frac{3\pi}{4}$$

**Càlculs en forma exponencial**  Escrivim $\mathbf{j} = e^{\frac{\pi}{2}\mathbf{j}}$. Després, simplifiquem l'exponent de l'exponencial, calculant $\mathbf{j}(-3\mathbf{j} + \pi/4) = 3 + \frac{\pi}{4}\mathbf{j}$. Tindrem

$$z = \mathbf{j} \cdot e^{\mathbf{j}(-3\mathbf{j}+\pi/4)} = e^{\frac{\pi}{2}\mathbf{j}} \cdot e^{3+\frac{\pi}{4}\mathbf{j}} = e^{\frac{\pi}{2}\mathbf{j}+3+\frac{\pi}{4}\mathbf{j}} = e^{3+(\frac{\pi}{2}+\frac{\pi}{4})\mathbf{j}} = e^{3+\frac{3\pi}{4}\mathbf{j}} = e^3 \cdot e^{\frac{3\pi}{4}\mathbf{j}}$$

D'aquesta expressió deduïm directament $|z| = e^3$ i $\arg(z) = \frac{3\pi}{4}$. Per passar a forma binòmica, utilitzem $r \cdot e^{\alpha \mathbf{j}} = r \cdot \cos\alpha + \mathbf{j} \cdot r \cdot \sin\alpha$. El mòdul de $z$ és $e^3$ i l'argument de $z$ és $\frac{3\pi}{4}$. Sabem que $\cos\frac{3\pi}{4} = -\frac{\sqrt{2}}{2}$ i $\sin\frac{3\pi}{4} = \frac{\sqrt{2}}{2}$. La forma binòmica buscada és

$$z = e^3 \cdot \left(-\frac{\sqrt{2}}{2}\right) + e^3 \cdot \frac{\sqrt{2}}{2}\mathbf{j} = -\frac{e^3\sqrt{2}}{2} + \frac{e^3\sqrt{2}}{2}\mathbf{j}$$

**Observació**  Encara que les dues maneres de fer el problema ens han portat a la mateixa solució, veiem que, en aquest cas, treballant amb les exponencials el problema resulta més curt.

**Problema 2.5**  Dóna $z^{12}$ en forma binòmica i en forma exponencial, si $z = e^{\frac{\mathbf{j}}{4}(\pi-j)}$.

**Solució**

$$z = e^{\frac{\mathbf{j}}{4}(\pi-j)} = e^{\frac{1}{4}-\frac{\pi}{4}\mathbf{j}} \Rightarrow z^{12} = \left(e^{\frac{1}{4}-\frac{\pi}{4}\mathbf{j}}\right)^{12} = e^3 e^{3\pi\mathbf{j}} = -e^3$$

**Problema 2.6**  Calcula $z = \frac{2e^{1-\frac{2\pi}{3}\mathbf{j}}}{1+\sqrt{3}\mathbf{j}}$ i dóna el resultat en forma binòmica i exponencial.

**Solució**

$$z = \frac{2e^{1-\frac{2\pi}{3}\mathbf{j}}}{1+\sqrt{3}\mathbf{j}} = \frac{2e^1 e^{-\frac{2\pi}{3}\mathbf{j}}}{2e^{\frac{\pi}{3}\mathbf{j}}} = e \cdot e^{-\pi\mathbf{j}} = -e$$

**Problema 2.7**  Calcula $z = \frac{2+\mathbf{j}}{2j-1}\mathbf{j}^9 e^{3+\frac{\pi}{3}\mathbf{j}}$ i dóna el resultat en forma binòmica i exponencial.

**Solució**

$$z = \frac{2+\mathbf{j}}{2j-1}\mathbf{j}^9 e^{3+\frac{\pi}{3}\mathbf{j}} = \frac{-5\mathbf{j}}{5}\mathbf{j} e^3 e^{\frac{\pi}{3}\mathbf{j}} = e^3 e^{\frac{\pi}{3}\mathbf{j}} = \frac{e^3}{2} + \mathbf{j}\frac{e^3\sqrt{3}}{2}$$

**Problema 2.8**  Calcula $z = \frac{e^{\mathbf{j}(\pi-\sqrt{3}\mathbf{j})}}{(1+\mathbf{j})^2}$ i dóna el resultat en forma binòmica i exponencial.

**Solució**

$$z = \frac{e^{\mathbf{j}(\pi-\sqrt{3}\mathbf{j})}}{(1+\mathbf{j})^2} = \frac{e^{\sqrt{3}+\pi\mathbf{j}}}{2\mathbf{j}} = \frac{e^{\sqrt{3}}}{2}e^{\frac{\pi}{2}\mathbf{j}} = \frac{e^{\sqrt{3}}}{2}\mathbf{j}$$

**Problema 2.9**  Calcula $z = \frac{1-3\mathbf{j}}{\mathbf{j}+3} \cdot \mathbf{j}^7 \cdot e^{4+\frac{\pi}{6}\mathbf{j}}$ i dóna el resultat en forma binòmica i en forma exponencial.

**Solució**

$$z = \frac{1-3\mathbf{j}}{\mathbf{j}+3} \cdot \mathbf{j}^7 \cdot e^{4+\frac{\pi}{6}\mathbf{j}} = \frac{(1-3\mathbf{j})(3-\mathbf{j})}{(\mathbf{j}+3)(3-\mathbf{j})} \cdot (-\mathbf{j}) \cdot e^{4+\frac{\pi}{6}\mathbf{j}} = \frac{-10\mathbf{j}}{10} \cdot (-\mathbf{j}) \cdot e^{4+\frac{\pi}{6}\mathbf{j}} = -e^{4+\frac{\pi}{6}\mathbf{j}}$$

$$z = e^{4+\frac{7\pi}{6}\mathbf{j}} = -\frac{\sqrt{3}e^4}{2} - \frac{e^4}{2}\mathbf{j}$$

## 2.2 La fórmula d'Euler i les funcions trigonomètriques

**Problema 2.10** Calcula $\sin\frac{\pi}{12}$ i $\cos\frac{\pi}{12}$.

**Solució** Podem calcular $\cos\frac{\pi}{12}$ i $\sin\frac{\pi}{12}$ a partir de $\cos\frac{\pi}{6} = \frac{\sqrt{3}}{2}$ i $\sin\frac{\pi}{6} = \frac{1}{2}$, utilitzant la fórmula d'Euler.

Suposem $a = \cos\frac{\pi}{12}$ i $b = \sin\frac{\pi}{12}$. Llavors,

$$e^{\frac{\pi}{12}j} = a + bj$$
$$(a+bj)^2 = e^{\frac{\pi}{6}j} = \frac{\sqrt{3}}{2} + \frac{1}{2}j$$

Desenvolupant el quadrat

$$a^2 - b^2 + 2abj = \frac{\sqrt{3}}{2} + \frac{1}{2}j$$

i igualant part real i part imaginària obtenim un sistema de dues equacions i dues incògnites.

$$a^2 - b^2 = \frac{\sqrt{3}}{2}$$
$$2ab = \frac{1}{2}$$

Resoldre aquest sistema és equivalent a utilitzar la fórmula de les raons trigonomètriques de l'"angle meitat". Com que no tenim les fórmules, busquem la solució del sistema. Per fer-ho, aïllem $b$ de la segona equació i substituïm a la primera.

$$b = \frac{1}{4a} \Rightarrow a^2 - \frac{1}{16a^2} = \frac{\sqrt{3}}{2} \Rightarrow 16a^4 - 8\sqrt{3}a^2 - 1 = 0$$

Podem trobar $a^2$ amb la fórmula de l'equació de segon grau.

$$a^2 = \frac{8\sqrt{3} \pm \sqrt{192 + 64}}{32} = \frac{8\sqrt{3} \pm 16}{32} = \begin{cases} \frac{2+\sqrt{3}}{4} \\ \frac{-2+\sqrt{3}}{4} \end{cases}$$

Com que $a^2$ és positiu, només la primera solució, $a^2 = \frac{2+\sqrt{3}}{4}$, és vàlida. Per tant,

$$a = \cos\frac{\pi}{12} = \frac{\sqrt{2+\sqrt{3}}}{2}, \qquad b = \sin\frac{\pi}{12} = \sqrt{1-a^2} = \frac{\sqrt{2-\sqrt{3}}}{2}$$

## 2.3 Càlcul d'arrels $n$-èsimes

**Problema 2.11** Calcula tots els valors de $\sqrt[4]{-16}$ i escriu-los en forma binòmica.

**Solució** Per calcular les arrels $n$-èsimes d'un nombre complex, hem de treballar en forma exponencial. Si $z = r \cdot e^{\alpha j}$, aleshores $\sqrt[n]{z} = \sqrt[n]{r} \cdot e^{j(\alpha + 2k\pi)/n}$, amb $k = 0, \ldots, n-1$ i on $\sqrt[n]{r}$ és l'única arrel $n$-èsima real del nombre real positiu $r$.

Passem $-16$ a forma exponencial: $|-16| = 16$ i $\arg(-16) = \pi$, tal com es veu a la figura. Per tant, $-16 = 16 \cdot e^{\pi j}$.

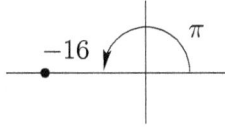

*Figura 2.3: L'argument de −16*

Tindrem, doncs

$$\sqrt[4]{-16} = \sqrt[4]{16 \cdot e^{\pi j}} = \sqrt[4]{16} \cdot e^{\frac{\pi + 2k\pi}{4} j}$$

amb $k = 0, 1, 2, 3$. El mòdul és el mateix per a les quatre arrels: $|\sqrt[4]{-16}| = \sqrt[4]{16} = 2$. Els arguments són $\frac{\pi + 2k\pi}{4}$, amb $k = 0, 1, 2, 3$, és a dir,

$$\frac{\pi}{4}, \frac{3\pi}{4}, \frac{5\pi}{4}, \frac{7\pi}{4}$$

Tenint en compte $r \cdot e^{\alpha j} = r \cdot \cos \alpha + j \cdot r \cdot \sin \alpha$, podem escriure les quatre solucions en forma binòmica. Només ens fan falta les funcions cosinus i sinus dels quatre arguments:

$$\cos \frac{\pi}{4} = \sin \frac{\pi}{4} = \frac{\sqrt{2}}{2}, \cos \frac{3\pi}{4} = -\frac{\sqrt{2}}{2}, \sin \frac{3\pi}{4} = \frac{\sqrt{2}}{2}$$

$$\cos \frac{5\pi}{4} = \sin \frac{\pi}{4} = -\frac{\sqrt{2}}{2}, \cos \frac{7\pi}{4} = \frac{\sqrt{2}}{2}, \sin \frac{7\pi}{4} = -\frac{\sqrt{2}}{2}$$

Les quatre arrels són

$$\sqrt[4]{-16} = \begin{cases} 2 \cdot e^{\frac{\pi}{4} j} = \sqrt{2} + \sqrt{2}j \\ 2 \cdot e^{\frac{3\pi}{4} j} = -\sqrt{2} + \sqrt{2}j \\ 2 \cdot e^{\frac{5\pi}{4} j} = -\sqrt{2} - \sqrt{2}j \\ 2 \cdot e^{\frac{7\pi}{4} j} = \sqrt{2} - \sqrt{2}j \end{cases}$$

A continuació mostrem la seva representació gràfica.

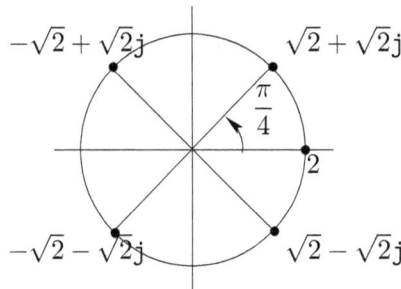

*Figura 2.4: Les arrels quartes de −16*

**Problema 2.12** Calcula les solucions de $z = \sqrt[3]{e^{3+j\frac{3\pi}{4}}}$ en forma exponencial i dibuixa-les.

**Solució** Ens demanen les arrels $\sqrt[3]{z}$, on $z = e^{3+j\frac{3\pi}{4}} = e^3 \cdot e^{\frac{3\pi}{4}j}$. Com que $|z| = e^3$ i $\arg(z) = \frac{3\pi}{4}$, tindrem

$$\sqrt[3]{z} = \sqrt[3]{e^{3+j\frac{3\pi}{4}}} = \sqrt[3]{e^3} \cdot e^{\frac{\frac{3\pi}{4}+2k\pi}{3}j} = e \cdot e^{\frac{\frac{3\pi}{4}+2k\pi}{3}j} \quad \text{amb } k = 0, 1, 2$$

Les tres arrels són

$$\sqrt[3]{z} = \begin{cases} e \cdot e^{\frac{\pi}{4}j} = z_1 \\ e \cdot e^{\frac{11\pi}{12}j} = z_2 \\ e \cdot e^{\frac{19\pi}{12}j} = z_3 \end{cases}$$

Observem que en aquest cas, si volguéssim trobar la forma binòmica només coneixem les raons trigonomètriques cosinus i sinus de l'argument de $z_1$, l'angle $\frac{\pi}{4}$. Les raons trigonomètriques dels altres dos es poden calcular a partir de les raons trigonomètriques de l'angle $\frac{\pi}{12}$, que hem calculat al problema 2.10. En aquest cas, però, no ens fa falta ja que la forma binòmica no es demana.

La representació de $z_1$, $z_2$ i $z_3$ és la següent.

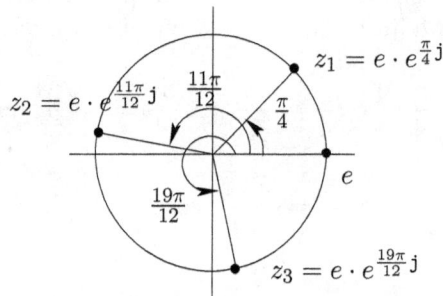

*Figura 2.5: Les arrels cúbiques de $e^{3+j\frac{3\pi}{4}}$*

**Problema 2.13** Cacula $\sqrt[4]{\dfrac{2e^{1-\frac{2\pi}{3}j}}{1-\sqrt{3}j}}$ i dóna els resultats en forma binòmica i en forma exponencial. Fes un dibuix.

**Solució** Ens demanen les arrels $\sqrt[4]{z}$, on $z = \dfrac{2e^{1-\frac{2\pi}{3}j}}{1-\sqrt{3}j}$. Primer farem els càlculs per trobar la forma exponencial de $z$.

El numerador de $z$ és $2e^{1-\frac{2\pi}{3}j} = 2e \cdot e^{\frac{-2\pi}{3}j}$. El denominador de $z$ és $1 - \sqrt{3}j$, que té mòdul $\sqrt{1+3} = 2$ i argument $\arctan(-\sqrt{3}) = \frac{-\pi}{3}$. Per tant, $1 - \sqrt{3}j = 2 \cdot e^{\frac{-\pi}{3}j}$.

Obtenim la forma exponencial de $z$.

$$z = \frac{2e^{1-\frac{2\pi}{3}j}}{1-\sqrt{3}j} = \frac{2e \cdot e^{\frac{2\pi}{3}j}}{2 \cdot e^{\frac{-\pi}{3}j}} = e \cdot e^{(-\frac{2\pi}{3}-\frac{-\pi}{3})j} = e \cdot e^{\frac{-\pi}{3}j}$$

Això ens diu

$$\sqrt[4]{z} = \sqrt[4]{\frac{2e^{1-\frac{2\pi}{3}j}}{1-\sqrt{3}j}} = \sqrt[4]{e \cdot e^{\frac{-\pi}{3}j}} = \sqrt[4]{e} \cdot e^{\frac{-\pi/3+2k\pi}{4}j} \quad \text{amb } k = 0, 1, 2, 3$$

Les quatre arrels són

$$\sqrt[4]{z} = \begin{cases} \sqrt[4]{e} \cdot e^{-\frac{\pi}{12}j} = z_1 \\ \sqrt[4]{e} \cdot e^{\frac{5\pi}{12}j} = z_2 \\ \sqrt[4]{e} \cdot e^{\frac{11\pi}{12}j} = z_3 \\ \sqrt[4]{e} \cdot e^{\frac{17\pi}{12}j} = z_4 \end{cases}$$

Abans de passar al càlcul de la forma binòmica, vegem la representació gràfica de les arrels.

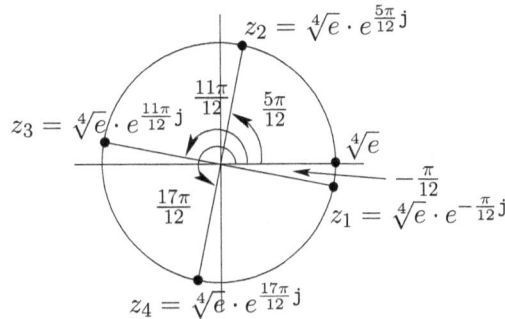

Figura 2.6: Les arrels quartes de $\frac{2e^{1-\frac{2\pi}{3}j}}{1-\sqrt{3}j}$

**Forma binòmica.** En aquest cas, el càlcul de la forma binòmica és complicat, ja que els arguments de les quatre arrels no tenen raons trigonomètriques (cosinus i sinus) conegudes.

Al problema 2.10 hem trobat que

$$\cos\frac{\pi}{12} = \frac{\sqrt{2+\sqrt{3}}}{2}$$

$$\sin\frac{\pi}{12} = \frac{\sqrt{2-\sqrt{3}}}{2}$$

Les raons trigonomètriques dels quatre arguments de les quatre arrels són

$$\cos(-\frac{\pi}{12}) = \cos\frac{\pi}{12}, \quad \sin(-\frac{\pi}{12}) = -\sin\frac{\pi}{12}, \quad \cos\frac{5\pi}{12} = \sin\frac{\pi}{12}, \quad \sin\frac{5\pi}{12} = \cos\frac{\pi}{12}$$

$$\cos\frac{11\pi}{12} = -\cos\frac{\pi}{12}, \quad \sin\frac{11\pi}{12} = \sin\frac{\pi}{12}, \quad \cos\frac{17\pi}{12} = -\sin\frac{\pi}{12}, \quad \sin\frac{17\pi}{12} = -\cos\frac{\pi}{12}$$

Per tant, tindrem

$$\sqrt[4]{z} = \begin{cases} \sqrt[4]{e} \cdot e^{-\frac{\pi}{12}j} = \sqrt[4]{e}\frac{\sqrt{2+\sqrt{3}}}{2} - \sqrt[4]{e}\frac{\sqrt{2-\sqrt{3}}}{2}j = z_1 \\[2mm] \sqrt[4]{e} \cdot e^{\frac{5\pi}{12}j} = \sqrt[4]{e}\frac{\sqrt{2-\sqrt{3}}}{2} + \sqrt[4]{e}\frac{\sqrt{2+\sqrt{3}}}{2}j = z_2 \\[2mm] \sqrt[4]{e} \cdot e^{\frac{11\pi}{12}j} = -\sqrt[4]{e}\frac{\sqrt{2+\sqrt{3}}}{2} + \sqrt[4]{e}\frac{\sqrt{2-\sqrt{3}}}{2}j = z_3 \\[2mm] \sqrt[4]{e} \cdot e^{\frac{17\pi}{12}j} = -\sqrt[4]{e}\frac{\sqrt{2-\sqrt{3}}}{2} - \sqrt[4]{e}\frac{\sqrt{2+\sqrt{3}}}{2}j = z_4 \end{cases}$$

**Problema 2.14** Sigui $z = 108 \, \mathrm{j}^{13} \frac{2+2\sqrt{3}\mathrm{j}}{\sqrt{3}-\mathrm{j}} \, e^{3+\mathrm{j}\frac{5\pi}{6}}$. Calcula i representa gràficament $\sqrt[3]{z}$.

**Solució** Calculem el valor de $z$, en forma exponencial.

$$z = 108 \, \mathrm{j}^{13} \frac{2+2\sqrt{3}\mathrm{j}}{\sqrt{3}-\mathrm{j}} \, e^{3+\mathrm{j}\frac{5\pi}{6}} = 108 \, \mathrm{j} \, \frac{4e^{\frac{\pi}{3}\mathrm{j}}}{2e^{-\frac{\pi}{6}\mathrm{j}}} \, e^{3+\frac{5\pi}{6}\mathrm{j}} = 216 \cdot e^3 \cdot e^{\left(\frac{\pi}{2}+\frac{\pi}{3}+\frac{\pi}{6}+\frac{5\pi}{6}\right)\mathrm{j}} = 216 \cdot e^3 \cdot e^{\frac{11\pi}{6}\mathrm{j}}$$

Tenint en compte que $216 = 6^3$, calculem les arrels cúbiques de $z$.

$$\sqrt[3]{z} = 6 \cdot e \cdot e^{\frac{\frac{11\pi}{6}+2\pi k}{3}\mathrm{j}}, \qquad \text{amb } k = 0, 1, 2$$

Les tres solucions són

$$\sqrt[3]{z} = \begin{cases} 6 \cdot e \cdot e^{\frac{11\pi}{18}\mathrm{j}} \\ 6 \cdot e \cdot e^{\frac{23\pi}{18}\mathrm{j}} \\ 6 \cdot e \cdot e^{\frac{35\pi}{18}\mathrm{j}} \end{cases}$$

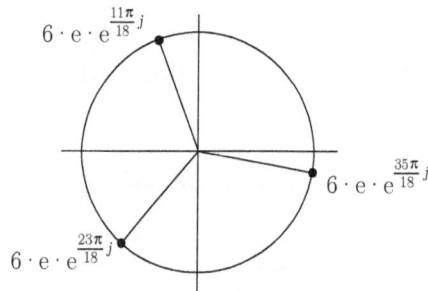

*Figura 2.7: Les arrels de $z$*

**Problema 2.15** Calcula $z$ sabent que $z^3 = \frac{e^{\mathrm{j}(\pi-3\mathrm{j})}}{(1+\mathrm{j})^2}$. Representa les solucions i expressa-les en forma binòmica.

**Solució** Simplifiquem $z^3$.

$$z^3 = \frac{e^{\mathrm{j}(\pi-3\mathrm{j})}}{(1+\mathrm{j})^2} = \frac{e^3 e^{\pi\mathrm{j}}}{2\mathrm{j}} = \frac{e^3}{2} \, e^{\frac{\pi}{2}\mathrm{j}}$$

Per tant,

$$z = \sqrt[3]{\frac{e^3}{2} \, e^{\frac{\pi}{2}\mathrm{j}}} = \begin{cases} \frac{e\sqrt[3]{4}}{2} \, e^{\frac{\pi}{6}\mathrm{j}} = \frac{e\sqrt[3]{4}\sqrt{3}}{4} + \frac{e\sqrt[3]{4}}{4}\mathrm{j} \\ \frac{e\sqrt[3]{4}}{2} \, e^{\frac{5\pi}{6}\mathrm{j}} = -\frac{e\sqrt[3]{4}\sqrt{3}}{4} + \frac{e\sqrt[3]{4}}{4}\mathrm{j} \\ \frac{e\sqrt[3]{4}}{2} \, e^{\frac{3\pi}{2}\mathrm{j}} = -\frac{e\sqrt[3]{4}}{2}\mathrm{j} \end{cases}$$

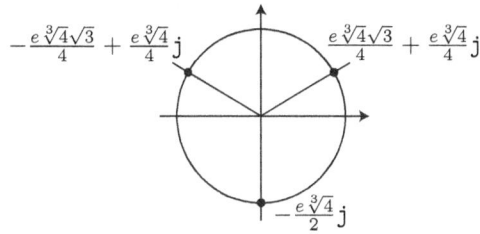

*Figura 2.8: Els tres possibles valors de $z$*

**Problema 2.16** Calcula $\sqrt{-\bar{z}}$, on $z = 2 + 2\mathrm{j}$.

**Solució** Hem de calcular l'arrel quadrada de $-\bar{z} = -(2 - 2\mathrm{j}) = -2 + 2\mathrm{j}$. Passant a forma exponencial, tenim

$$\sqrt{-\bar{z}} = \sqrt{-2+2\mathrm{j}} = \sqrt{\sqrt{8}e^{\frac{3\pi}{4}\mathrm{j}}} = \left\{ \begin{array}{l} \sqrt[4]{8}e^{\frac{3\pi}{8}\mathrm{j}} \\ \sqrt[4]{8}e^{\frac{11\pi}{8}\mathrm{j}} \end{array} \right.$$

Per donar la solució en forma binòmica, podríem utilitzar fórmules trigonomètriques per calcular $\cos\frac{\pi}{8}$ i $\sin\frac{\pi}{8}$.

En aquest cas, però, i només perquè es tracta d'arrels quadrades, podem fer els càlculs directament en forma binòmica.

$$\sqrt{-2+2\mathrm{j}} = a + b \cdot \mathrm{j} \Leftrightarrow -2 + 2\mathrm{j} = (a + b \cdot \mathrm{j})^2 = a^2 - b^2 + \mathrm{j}2ab$$

Igualant les parts reals i les parts imaginàries trobem el sistema

$$\left\{ \begin{array}{l} a^2 - b^2 = -2 \\ 2ab = 2 \end{array} \right.$$

Observem que el sistema al qual hem arribat s'assembla molt (llevat dels termes independents) al sistema que permet trobar $\cos\frac{\pi}{12}$ i $\sin\frac{\pi}{12}$. Vegeu el problema 2.10.

Per resoldre el sistema aïllem $b$ de la segona equació, $b = \frac{1}{a}$, i substituïm a la primera.

$$a^2 - \frac{1}{a^2} = -2 \Rightarrow a^4 + 2a^2 - 1 = 0 \Rightarrow a^2 = \frac{-2 \pm \sqrt{8}}{2} = -1 \pm \sqrt{2}.$$

Com que $a^2$ és positiu, de les dues solucions l'única que val és $a^2 = \sqrt{2} - 1$. Per tant,

$$a = \left\{ \begin{array}{l} \sqrt{\sqrt{2}-1} \Rightarrow b = \frac{1}{\sqrt{\sqrt{2}-1}} = \sqrt{\sqrt{2}+1} \\ \\ -\sqrt{\sqrt{2}-1} \Rightarrow b = -\sqrt{\sqrt{2}+1} \end{array} \right.$$

El resultat en forma binòmica és

$$\sqrt{-\bar{z}} = \sqrt{-2+2\mathrm{j}} = \left\{ \begin{array}{l} \sqrt{\sqrt{2}-1} + \mathrm{j}\sqrt{\sqrt{2}+1} \\ -\sqrt{\sqrt{2}-1} - \mathrm{j}\sqrt{\sqrt{2}+1} \end{array} \right.$$

**Problema 2.17** El producte de dos nombres complexos és $4j$ i el quadrat d'un d'ells dividit per l'altre és 2. Troba els valors possibles dels dos nombres. Dóna el resultat en forma binòmica i en forma exponencial.

**Solució** Siguin $z_1$ i $z_2$ els dos nombres. Es compleix
$$
\begin{cases}
z_1 z_2 = 4j \\
\dfrac{z_1^2}{z_2} = 2
\end{cases}
$$

$$
\frac{1}{z_2} = \frac{z_1}{4j} = \frac{z_1}{4e^{\frac{\pi}{2}j}} \Rightarrow z_1^3 = 8j = 2^3 e^{\frac{\pi}{2}j} \Rightarrow z_1 = 2e^{\frac{\frac{\pi}{2}+2k\pi}{3}j} \text{ amb } k = 0,1,2
$$

Per tant les solucions són

$$
z_{11} = 2e^{\frac{\pi}{6}j}, \; z_{12} = 2e^{\frac{5\pi}{6}j}, \; z_{13} = 2e^{\frac{3\pi}{2}j}
$$

Substituint a la primera equació trobem els valors de $z_2$. Això ens dóna tres solucions. En cadascuna d'elles, es donen el primer nombre i el segon nombre:

**Primera solució**

$$
z_{11} = 2e^{\frac{\pi}{6}j} = 2(\cos\tfrac{\pi}{6} + j\sin\tfrac{\pi}{6}) = 2(\tfrac{\sqrt{3}}{2} + j\tfrac{1}{2}) = \sqrt{3} + j
$$
$$
z_{21} = 2e^{\frac{\pi}{3}j} = 2(\cos\tfrac{\pi}{3} + j\sin\tfrac{\pi}{3}) = 2(\tfrac{1}{2} + j\tfrac{\sqrt{3}}{2}) = 1 + \sqrt{3}j
$$

**Segona solució**

$$
z_{12} = 2e^{\frac{5\pi}{6}j} = 2(\cos\tfrac{5\pi}{6} + j\sin\tfrac{5\pi}{6}) = 2(-\tfrac{\sqrt{3}}{2} + j\tfrac{1}{2}) = -\sqrt{3} + j
$$
$$
z_{22} = 2e^{\frac{-\pi}{3}j} = 2(\cos\tfrac{-\pi}{3} + j\sin\tfrac{-\pi}{3}) = 2(\tfrac{1}{2} - j\tfrac{\sqrt{3}}{2}) = 1 - \sqrt{3}j
$$

**Tercera solució**

$$
z_{13} = 2e^{\frac{3\pi}{2}j} = 2(\cos\tfrac{3\pi}{2} + j\sin\tfrac{3\pi}{2}) = 2(0 + j(-1)) = -2j
$$
$$
z_{23} = 2e^{\pi j} = 2(\cos\pi + j\sin\pi) = 2(-1 + j0) = -2
$$

**Problema 2.18** Calcula $\sqrt{2j - z}$, on $z = 2 + 2j$ i dóna el resultat en forma binòmica i en forma exponencial.

**Solució** Com que $2j - z = -2$, l'arrel quadrada es pot calcular directament en forma binòmica.

$$
\sqrt{2j - z} = \sqrt{-2} = \begin{cases}
j\sqrt{2} = \sqrt{2}e^{j\frac{\pi}{2}} \\
-j\sqrt{2} = \sqrt{2}e^{j\frac{3\pi}{2}}
\end{cases}
$$

**Problema 2.19** Calcula el valor de $w = z_1 \cdot \overline{z}_1 + z_2 \cdot \overline{z}_2$ sabent que $z_1$ és arrel cúbica de 1 i està al segon quadrant, i $z_2$ té part imaginària igual a 1 i argument $\frac{\pi}{6}$.

**Solució** Com que per a qualsevol nombre complex $z$ es compleix $z \cdot \overline{z} = |z|^2$, l'enunciat ens demana trobar $w$ amb $w = |z_1|^2 + |z_2|^2$. Hem de trobar $|z_1|$ i $|z_2|$.

De l'enunciat es dedueix directament que $|z_1| = 1$.

A més sabem que, si $|z| = r$ i $\arg(z) = \alpha$ llavors $Im(z) = r\sin\alpha$. Per tant, $|z_2| = \frac{Im(z_2)}{\sin\frac{\pi}{6}} = 2$.

Això ens diu $w = |z_1|^2 + |z_2|^2 = 1 + 4 = 5$.

**Problema 2.20** Calcula el mòdul i l'argument de $z = \frac{z_1 \cdot z_2}{z_3}$, sabent que $z_1$ i $z_2$ són les arrels quadrades de $1 - \sqrt{3}\mathsf{j}$, i $z_3 = (-\sqrt{2} + \sqrt{2}\mathsf{j})^2$.

**Solució** El producte de les arrels $n$-èsimes d'un nombre $c$ és igual a $(-1)^{n-1}c$. Per tant,

$$z_1 \cdot z_2 = -1 + \sqrt{3}\mathsf{j}$$

Desenvolupant trobem

$$z_3 = (-\sqrt{2} + \sqrt{2}\mathsf{j})^2 = -4\mathsf{j}$$

Calculant,

$$z = \frac{z_1 \cdot z_2}{z_3} = \frac{-1 + \sqrt{3}\mathsf{j}}{-4\mathsf{j}} = \frac{-\sqrt{3}}{4} - \frac{1}{4}\mathsf{j}$$

Per tant, $|z| = \frac{1}{4}\sqrt{(\sqrt{3})^2 + 1}$ i $\arg(z) = \arctan\frac{1}{\sqrt{3}} + \pi = \frac{7\pi}{6}$.

## 2.4 Descomposició de polinomis

**Problema 2.21** Calcula en forma exponencial i en forma binòmica les arrels de $z^4 - 2\mathsf{j}z^2 + 3$.

**Solució** Ens demanen els nombres complexos que satisfan l'equació $z^4 - 2\mathsf{j}z^2 + 3 = 0$. Fent el canvi $z^2 = y$, tindrem

$$z^4 - 2\mathsf{j}z^2 + 3 = 0 \Leftrightarrow y^2 - 2\mathsf{j}y + 3 = 0$$

Aplicant la fórmula de l'equació de segon grau, trobem els valors de $y$.

$$y = \frac{2\mathsf{j} \pm \sqrt{4\mathsf{j}^2 - 12}}{2} = \frac{2\mathsf{j} \pm \sqrt{-16}}{2} = \frac{2\mathsf{j} \pm 4\mathsf{j}}{2} = \begin{cases} 3\mathsf{j} = y_1 \\ -\mathsf{j} = y_2 \end{cases}$$

Per trobar $z$ hem de tenir en compte $z^2 = y$, per tant, $z = \sqrt{y}$. Per poder calcular les arrels, primer passarem a exponencial les solucions $y_1$ i $y_2$.

$$|y_1| = 3, \quad \arg(y_1) = \pi/2, \text{ per tant } y_1 = 3 \cdot e^{\frac{\pi}{2}\mathsf{j}}$$
$$|y_2| = 1, \quad \arg(y_2) = -\pi/2, \text{ per tant } y_2 = e^{-\frac{\pi}{2}\mathsf{j}}$$

Ara tindrem

$$\sqrt{y_1} = \sqrt{3 \cdot e^{\frac{\pi}{2}\mathsf{j}}} = \sqrt{3} \cdot e^{\frac{\pi/2 + 2k\pi}{2}\mathsf{j}}, \text{ amb } k = 0, 1$$
$$\sqrt{y_2} = \sqrt{e^{\frac{-\pi}{2}\mathsf{j}}} = e^{\frac{-\pi/2 + 2k\pi}{2}\mathsf{j}}, \text{ amb } k = 0, 1$$

Per tant,

$$\sqrt{z} = \begin{cases} \sqrt{y_1} = \begin{cases} \sqrt{3} \cdot e^{\frac{\pi}{4}\mathsf{j}} = \frac{\sqrt{6}}{2} + \frac{\sqrt{6}}{2}\mathsf{j} = z_1 \\ \sqrt{3} \cdot e^{\frac{5\pi}{4}\mathsf{j}} = -\frac{\sqrt{6}}{2} - \frac{\sqrt{6}}{2}\mathsf{j} = z_2 \end{cases} \\ \\ \sqrt{y_2} = \begin{cases} e^{\frac{-\pi}{4}\mathsf{j}} = \frac{\sqrt{2}}{2} - \frac{\sqrt{2}}{2}\mathsf{j} = z_3 \\ e^{\frac{3\pi}{4}\mathsf{j}} = -\frac{\sqrt{2}}{2} + \frac{\sqrt{2}}{2}\mathsf{j} = z_4 \end{cases} \end{cases}$$

**Problema 2.22** Calcula les arrels, en forma binòmica i exponencial, i dóna la descomposició del polinomi $p(z) = z^5 - 3jz^4 - 8jz^2 - 24z$, sabent que una de les arrels és $z = 3j$.

**Solució** Traient factor comú $z$ obtenim $p(z) = z \cdot (z^4 - 3jz^3 - 8jz - 24)$. Dividim per $z - 3j$, pel mètode de Ruffini.

|  |  | 1 | -3j | 0 | -8j | -24 |
|---|---|---|---|---|---|---|
| 3j |  |  | 3j | 0 | 0 | 24 |
|  |  | 1 | 0 | 0 | -8j | 0 |

Així obtenim que $p(z) = z \cdot (z - 3j) \cdot (z^3 - 8j)$. Les tres arrels que falten són les solucions de l'equació $z^3 - 8j = 0$, és a dir $z = \sqrt[3]{8j} = \sqrt[3]{8e^{\frac{\pi}{2}j}}$.

$$z = \left\{ 2 \cdot e^{\frac{\frac{\pi}{2}+2\pi k}{3}j} \right\}_{k=0,1,2} = \left\{ 2 \cdot e^{\frac{\pi}{6}j}, \, 2 \cdot e^{\frac{5\pi}{6}j}, \, 2 \cdot e^{\frac{3\pi}{2}j} \right\}$$

Tenim doncs les arrels

$$z_1 = 0$$
$$z_2 = 3j = 3e^{\frac{\pi}{2}j}$$
$$z_3 = 2 \cdot e^{\frac{\pi}{6}j} = \sqrt{3} + j$$
$$z_4 = 2 \cdot e^{\frac{5\pi}{6}j} = -\sqrt{3} + j$$
$$z_5 = 2 \cdot e^{\frac{3\pi}{2}j} = -2j$$

La descomposició és

$$p(z) = z \cdot (z - 3j) \cdot \left( z - \sqrt{3} - j \right) \cdot \left( z + \sqrt{3} - j \right) \cdot (z + 2j)$$

**Problema 2.23** Donat el polinomi $P(x) = x^4 + x^3 + 2x^2 + x + 1$ troba totes les seves arrels i descompon-lo en coeficients reals sabent que $e^{j\frac{\pi}{2}}$ és una de les arrels.

**Solució** El polinomi és real, per tant, si $e^{j\frac{\pi}{2}} = j$ és arrel, $-j$, també ho és. Dividim $P(x)$ per $x - j$ i per $x + j$.

|  |  | 1 | 1 | 2 | 1 | 1 |
|---|---|---|---|---|---|---|
| j |  |  | j | $-1+j$ | $-1+j$ | -1 |
|  |  | 1 | $1+j$ | $1+j$ | j | 0 |
| $-j$ |  |  | $-j$ | $-j$ | $-j$ |  |
|  |  | 1 | 1 | 1 | 0 |  |

Ara, $P(x) = (x-j)(x+j)(x^2+x+1)$. Les solucions de $x^2+x+1 = 0$ són $x = \frac{-1\pm\sqrt{1-4}}{2} = \frac{-1}{2}\pm\frac{\sqrt{3}}{2}j$. Per tant, tenim la solució següent:

- Arrels del polinomi: $j, -j, \frac{-1}{2}+\frac{\sqrt{3}}{2}j, \frac{-1}{2}-\frac{\sqrt{3}}{2}j$.
- Descomposició a $\mathbb{R}$: $P(x) = (x^2 + 1)(x^2 + x + 1)$.

**Problema 2.24** Donat el polinomi $P(z) = z^4 - 2\sqrt{3}z^3 + 5z^2 - 2\sqrt{3}z + 4$, calcula les seves arrels i dóna la seva descomposició amb coeficients reals, sabent que $2e^{\frac{\pi}{6}\text{j}}$ és una de les arrels.

**Solució** Sabem que $2e^{\frac{\pi}{6}\text{j}} = \sqrt{3} + \text{j}$ és arrel de $P(z)$. Com que el polinomi és real, $\sqrt{3} - \text{j}$ també és arrel.

Dividim $P(z)$ per $z - \sqrt{3} - \text{j}$ i, després, per $z - \sqrt{3} + \text{j}$. Pel mètode de Ruffini, trobem

|  |  | 1 | $-2\sqrt{3}$ | 5 | $-2\sqrt{3}$ | 4 |
|---|---|---|---|---|---|---|
| $\sqrt{3}+\text{j}$ |  |  | $\sqrt{3}+\text{j}$ | $-4$ | $\sqrt{3}+\text{j}$ | -4 |
|  |  | 1 | $-\sqrt{3}+\text{j}$ | 1 | $-\sqrt{3}+\text{j}$ | 0 |
| $\sqrt{3}-\text{j}$ |  |  | $\sqrt{3}-\text{j}$ | 0 | $\sqrt{3}-\text{j}$ |  |
|  |  | 1 | 0 | 1 | 0 |  |

Per tant, $P(z) = ((z - \sqrt{3})^2 + 1)(z^2 + 1) = (z^2 - 2\sqrt{3}z + 4)(z^2 + 1)$. Aquesta expressió ja és la descomposició a $\mathbb{R}$. Les arrels de $P(z)$ són $\sqrt{3} + \text{j}$, $\sqrt{3} - \text{j}$ i les dues arrels de $z^2 + 1$, és a dir, $\text{j}$ i $-\text{j}$.

**Problema 2.25** Descompon a $\mathbb{R}$ i a $\mathbb{C}$ el polinomi $P(z) = z^4 + 4$.

**Solució** Les arrels de $P(z)$ són les solucions de $z^4 + 4 = 0$.

$$z^4 + 4 = 0 \Leftrightarrow z = \sqrt[4]{-4} = \sqrt[4]{4 \cdot e^{\pi\text{j}}} = \sqrt{2} \cdot e^{\frac{\pi + 2k\pi}{4}\text{j}}, \text{ amb } k = 0, 1, 2, 3$$

Tindrem les quatre arrels

$$\sqrt{2} \cdot e^{\text{j}\frac{\pi}{4}} = 1 + \text{j}$$
$$\sqrt{2} \cdot e^{\text{j}\frac{3\pi}{4}} = -1 + \text{j}$$
$$\sqrt{2} \cdot e^{\text{j}\frac{5\pi}{4}} = -1 - \text{j}$$
$$\sqrt{2} \cdot e^{\text{j}\frac{7\pi}{4}} = 1 - \text{j}$$

La descomposició de $P(z)$ és, doncs,

$$P(z) =_{\mathbb{C}} (z - 1 - \text{j})(z - 1 + \text{j})(z + 1 - \text{j})(z + 1 + \text{j}) =_{\mathbb{R}} (z^2 - 2z + 2)(z^2 + 2z + 2)$$

**Problema 2.26** Calcula les arrels del polinomi $P(z) = z^4 + 10z^2 + 100$, expressa-les en forma binòmica i representa-les.

**Solució** Com que el polinomi només té termes de grau parell, fem el canvi $t = z^2$. Les solucions de $t^2 + 10t + 100 = 0$ són $t = \frac{-10 \pm \sqrt{100 - 400}}{2} = -5 \pm \text{j}\,5\sqrt{3}$.

Ara, $z = \sqrt{t}$. Per tant, les quatre solucions, que estan representades a la figura 2.9, són

$$\bullet \ \sqrt{-5 + \text{j}\,5\sqrt{3}} = \sqrt{10\,e^{\frac{2\pi}{3}\text{j}}} = \begin{cases} \sqrt{10}\,e^{\frac{\pi}{3}\text{j}} = \frac{\sqrt{10}}{2} + \text{j}\frac{\sqrt{30}}{2} \\ \sqrt{10}\,e^{\frac{4\pi}{3}\text{j}} = -\frac{\sqrt{10}}{2} - \text{j}\frac{\sqrt{30}}{2} \end{cases}$$

$$\bullet \ \sqrt{-5 - \text{j}\,5\sqrt{3}} = \sqrt{10\,e^{\frac{4\pi}{3}\text{j}}} = \begin{cases} \sqrt{10}\,e^{\frac{2\pi}{3}\text{j}} = -\frac{\sqrt{10}}{2} + \text{j}\frac{\sqrt{30}}{2} \\ \sqrt{10}\,e^{\frac{5\pi}{3}\text{j}} = \frac{\sqrt{10}}{2} - \text{j}\frac{\sqrt{30}}{2} \end{cases}$$

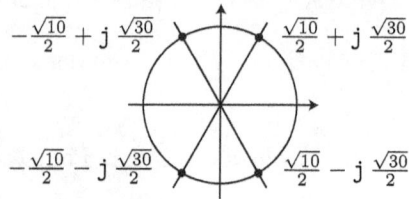

$$-\frac{\sqrt{10}}{2} + j\,\frac{\sqrt{30}}{2} \qquad\qquad \frac{\sqrt{10}}{2} + j\,\frac{\sqrt{30}}{2}$$

$$-\frac{\sqrt{10}}{2} - j\,\frac{\sqrt{30}}{2} \qquad\qquad \frac{\sqrt{10}}{2} - j\,\frac{\sqrt{30}}{2}$$

*Figura 2.9: Arrels del polinomi $P(z) = z^4 + 10z^2 + 100$*

**Problema 2.27** Dóna un polinomi real que tingui 3 arrels diferents de mòdul 1 i l'arrel $1+j$.

**Solució** La solució no és única, però qualsevol solució té els factors $(z - 1 - j)(z - 1 + j)$. El grau mínim és 5, perquè a més d'aquests dos factors ha de tenir els tres corresponents a les tres arrels de mòdul 1.

Triem com arrels de mòdul 1 els nombres $1$, $j$ i $-j$. Tindrem, doncs, el polinomi

$$P(z) = (z - 1)(z - j)(z + j)(z - 1 - j)(z - 1 + j)$$

que desenvolupant dóna

$$P(z) = z^5 - 3z^4 + 5z^3 - 5z^2 + 4z - 2$$

**Problema 2.28** Dóna la descomposició a $\mathbb{R}$ i $\mathbb{C}$ de $P(z) = z^5 - 2z^4 - z + 2$.

**Solució** Com que $z^5 - 2z^4 = z^4(z - 2)$ i $-z + 2 = -1(z - 2)$, podem treure factor comú $z - 2$. S'obté

$$P(z) = z^5 - 2z^4 - z + 2 = (z - 2)(z^4 - 1)$$

Utilitzant que $a^2 - b^2 = (a - b)(a + b)$, trobem $z^4 - 1 = (z^2 - 1)(z^2 + 1) = (z - 1)(z + 1)(z^2 + 1)$. Per tant,

$$P(z) = (z - 2)(z^2 - 1)(z^2 + 1)$$

Tenint en compte que les arrels de $z^2 + 1$ són $j$ i $-j$, la descomposició és

$$P(z) =_{\mathbb{R}} (z - 2)(z - 1)(z + 1)(z^2 + 1) =_{\mathbb{C}} (z - 2)(z - 1)(z + 1)(z - j)(z + j)$$

**Problema 2.29** Calcula les arrels, en forma binòmica i exponencial, i dóna la descomposició del polinomi $p(z) = z^4 - 4z^2 + 16$.

**Solució** Si fem $z^2 = y$ tindrem

$$z^4 - 4z^2 + 16 = 0 \Leftrightarrow y^2 - 4y + 16 = 0 \Leftrightarrow y = 2 \pm 2\sqrt{3}j$$

Per tant,

$$z = \sqrt{y} = \begin{cases} \sqrt{2 + 2\sqrt{3}j} = \sqrt{4e^{\frac{\pi}{3}j}} = \{2e^{\frac{\pi}{6}j},\ 2e^{\frac{7\pi}{6}j}\} = \{\sqrt{3} + j,\ -\sqrt{3} - j\} \\[2mm] \sqrt{2 - 2\sqrt{3}j} = \sqrt{4e^{-\frac{\pi}{3}j}} = \{2e^{-\frac{\pi}{6}j},\ 2e^{\frac{5\pi}{6}j}\} = \{\sqrt{3} - j,\ -\sqrt{3} + j\} \end{cases}$$

I la descomposició de $p(z)$ és

$$p(z) =_{\mathbb{C}} (z - \sqrt{3} - j)(z - \sqrt{3} + j)(z + \sqrt{3} + j)(z + \sqrt{3} - j)$$
$$p(z) =_{\mathbb{R}} (z^2 - 2\sqrt{3}z + 4)(z^2 + 2\sqrt{3}z + 4)$$

**Problema 2.30** Sigui $P(z) = z^3 + (1 - j)z^2 + (1 - j)z - j$. Doneu les seves arrels, en forma binòmica i exponencial, sabent que $j$ és una d'elles.

**Solució** Dividim $P(z)$ per $z - j$, pel mètode de Ruffini.

$$
\begin{array}{c|cccc}
 & 1 & 1-j & 1-j & -j \\
 & & & & \\
j & & j & j & j \\
\hline
 & 1 & 1 & 1 & 0 \\
\end{array}
$$

El resultat és $z^2 + z + 1$, que té arrels $z = \frac{-1 \pm \sqrt{1-4}}{2} = -\frac{1}{2} \pm \frac{\sqrt{3}}{2}j$. Per tant, les arrels de $P(z)$ són

$$z_1 = j = e^{\frac{\pi}{2}j}$$
$$z_2 = -\frac{1}{2} + \frac{\sqrt{3}}{2}j = e^{\frac{2\pi}{3}j}$$
$$z_3 = -\frac{1}{2} - \frac{\sqrt{3}}{2}j = e^{\frac{4\pi}{3}j}$$

# 3 Derivació de funcions d'una variable

Aquest capítol tracta sobre les derivades de funcions d'una variable i les seves aplicacions. En primer lloc, es recorda com es calculen les derivades. Es resolen problemes de derivació implícita i es calculen rectes tangents i rectes normals de corbes. A continuació, s'estudien els extrems de funcions i la seva aplicació a problemes d'optimització. El capítol acaba amb l'aproximació de funcions pel seu polinomi de Taylor.

## 3.1 Càlcul de derivades

**Problema 3.1** Calcula la derivada de $f(x) = \ln \frac{x^2 + \cos 2x}{\sqrt{1 + \tan x}}$.

**Solució** Primer simplifiquem l'expressió de la funció.

$$f(x) = \ln(x^2 + \cos 2x) - \frac{1}{2}\ln(1 + \tan x)$$

Ara podem derivar més fàcilment.

$$f'(x) = \frac{2x - 2\sin 2x}{x^2 + \cos 2x} - \frac{1}{2(1 + \tan x)}\frac{1}{\cos^2 x}$$

Simplificant,

$$f'(x) = \frac{2(x - \sin 2x)}{x^2 + \cos 2x} - \frac{1}{2(\sin x + \cos x)\cos x}$$

**Problema 3.2** Calcula la derivada de $(x) = \ln \frac{1 + \tan^2 x}{x^2 - 4}$.

**Solució** Primer simplifiquem l'expressió de la funció.

$$f(x) = \ln \frac{1 + \tan^2 x}{x^2 - 4} = \ln(1 + \tan^2 x) - \ln(x^2 - 4) = \ln(1 + \tan^2 x) - \ln(x - 2) - \ln(x + 2)$$

Ara, com que $1 + \tan^2 x = 1 + \frac{\sin^2 x}{\cos^2 x} = \frac{1}{\cos^2 x}$, tindrem

$$f(x) = -\ln(\cos^2 x) - \ln(x - 2) - \ln(x + 2) = -2\ln \cos x - \ln(x - 2) - \ln(x + 2)$$

Derivem

$$f'(x) = \frac{2\sin x}{\cos x} - \frac{1}{x - 2} - \frac{1}{x + 2}$$

**Problema 3.3** Calcula la derivada $n$-èsima de $f(x) = \frac{1}{x}$.

**Solució** Per calcular la derivada $n$-èsima de $f(x)$, calculem primer les derivades $f'(x)$, $f''(x)$ i $f'''(x)$.

$$f(x) = \tfrac{1}{x} = x^{-1} \Rightarrow$$
$$f'(x) = -1 \cdot x^{-2} \Rightarrow$$
$$f''(x) = -1 \cdot (-2) \cdot x^{-3} \Rightarrow$$
$$f'''(x) = -1 \cdot (-2) \cdot (-3) \cdot x^{-4}$$

Per passar de $f'''$ a $f^{(4)}$, multiplicarem per $-4$, i restarem 1 a l'exponent de $x$, de manera que apareix en la derivada d'ordre 4, $x^{-5}$.

En general, podem deduir que

$$f^{(n)}(x) = (-1) \cdot (-2) \cdot \ldots \cdot (-n) \cdot x^{-n-1} = (-1)^n \cdot n! \cdot x^{-n-1}$$

**Observació** Formalment, s'hauria de demostrar que aquesta expressió és correcta. Això es pot fer aplicant el mètode d'inducció.

## 3.2 Derivació implícita

**Problema 3.4** Donada l'equació $\sin(xy) = y$, calcula la derivada de $y$ en el punt $\left(\frac{\pi}{3}, \frac{1}{2}\right)$.

**Solució** Derivem implícitament.

$$\sin(xy) = y \Rightarrow (y + xy')\cos(xy) = y'$$

De l'expressió trobada, aïllem $y'$ com a funció de $x$ i $y$.

$$(y + xy')\cos(xy) = y' \Rightarrow (1 - x\cos(xy))y' = y\cos(xy) \Rightarrow y' = \frac{y\cos(xy)}{1 - x\cos(xy)}$$

Substituïm $(x, y)$ per $\left(\frac{\pi}{3}, \frac{1}{2}\right)$.

$$y'\left(\frac{\pi}{3}, \frac{1}{2}\right) = \frac{\frac{1}{2}\cos\frac{\pi}{6}}{1 - \frac{\pi}{3}\cos\frac{\pi}{6}} = \frac{\frac{\sqrt{3}}{4}}{1 - \frac{\pi}{3}\frac{\sqrt{3}}{2}} = \frac{6\sqrt{3}}{4(6 - \pi\sqrt{3})}$$

$$y'\left(\frac{\pi}{3}, \frac{1}{2}\right) = \frac{3\sqrt{3}}{12 - 2\pi\sqrt{3}}$$

o bé, utilitzant una calculadora per donar una expressió amb nombres decimals,

$$y'\left(\frac{\pi}{3}, \frac{1}{2}\right) = 4.651033569$$

**Problema 3.5** Donada l'equació $ye^y = e^x$, calcula la derivada de $y$ en el punt $(e+1, e)$.

**Solució** Derivem implícitament.

$$ye^y = e^x \Rightarrow y'e^y + yy'e^y = e^x$$

De l'expressió trobada, aïllem $y'$ com a funció de $x$ i $y$.

$$y'e^y + yy'e^y = e^x \Rightarrow y'(1+y)e^y = e^x \Rightarrow y' = \frac{e^x}{(1+y)e^y}$$

Substituïm $(x, y)$ per $(e+1, e)$.

$$y'(e+1, e) = \frac{e^{e+1}}{(1+e)e^e} \Rightarrow y'(e+1, e) = \frac{e}{1+e}$$

**Problema 3.6** Calcula la derivada segona de $y$, definida implícitament per l'equació $y = e^{x+y}$.

**Solució** Per calcular $y''$ derivem implícitament l'equació $y = e^{x+y}$, després aïllem $y'$ i tornem a derivar.

$$y' = e^{x+y}(1+y') \Rightarrow y'(1 - e^{x+y}) = e^{x+y} \Rightarrow y' = \frac{e^{x+y}}{1 - e^{x+y}}$$

Calculem la derivada segona.

$$y'' = \frac{e^{x+y}(1+y')(1 - e^{x+y}) - e^{x+y}(-e^{x+y})(1+y')}{(1 - e^{x+y})^2} =$$

$$= \frac{(1+y')}{(1 - e^{x+y})^2}\left(e^{x+y} - e^{2(x+y)} + e^{2(x+y)}\right)$$

Per tant,

$$y'' = \frac{(1+y')}{(1 - e^{x+y})^2}e^{x+y}$$

Substituïm $y'$ per l'expressió calculada anteriorment, $y' = \frac{e^{x+y}}{1 - e^{x+y}}$, i simplifiquem.

$$y'' = \frac{1 + \frac{e^{x+y}}{1 - e^{x+y}}}{(1 - e^{x+y})^2}e^{x+y} = \frac{1 - e^{x+y} + e^{x+y}}{(1 - e^{x+y})^3}e^{x+y} = \frac{e^{x+y}}{(1 - e^{x+y})^3}$$

**Problema 3.7** Donada l'equació $e^{xy} - x + y^2 = 1$, calcula la derivada de $y$ en el punt $(0, -1)$.

**Solució** Derivem implícitament.

$$e^{xy} - x + y^2 = 1 \Rightarrow e^{xy}(y + xy') - 1 + 2yy' = 0 \Rightarrow$$

$$\Rightarrow (xe^{xy} + 2y)y' = 1 - ye^{xy} \Rightarrow y' = \frac{1 - ye^{xy}}{xe^{xy} + 2y}$$

Substituïm $(x, y)$ per $(0, -1)$.

$$y'(0, -1) = \frac{1 - (-1) \cdot e^0}{0 \cdot e^0 + 2 \cdot (-1)} \Rightarrow y'(0, -1) = -1$$

**Problema 3.8** Donada l'equació $3y - 2x = 1 + \ln(xy)$, calcula la derivada de $y$ en el punt $\left(\frac{-3}{2}, \frac{-2}{3}\right)$.

**Solució** Derivem implícitament.

$$3y - 2x = 1 + \ln(xy) \Rightarrow 3y' - 2 = \frac{y + xy'}{xy} \Rightarrow$$

$$\Rightarrow (3xy - x)y' = y + 2xy \Rightarrow y' = \frac{y(2x + 1)}{x(3y - 1)}$$

Substituïm $(x, y)$ per $\left(\frac{-3}{2}, \frac{-2}{3}\right)$:

$$y'\left(\frac{-3}{2}, \frac{-2}{3}\right) = \frac{\frac{-2}{3} \cdot (2 \cdot \frac{-3}{2} + 1)}{\frac{-3}{2} \cdot (3 \cdot \frac{-2}{3} - 1)} = \frac{4/3}{9/2} = \frac{8}{27}$$

## 3.3   Les rectes tangent i normal

**Problema 3.9** Troba els punts de la corba d'equació $9x^2 + 4y^2 = 36$ en els quals la recta tangent és paral·lela a $6x + \sqrt{2}y = 0$.

**Solució** La recta $6x + \sqrt{2}y = 0$ té pendent $\frac{-6}{\sqrt{2}} = -3\sqrt{2}$. Busquem els punts de l'el·lipse en els quals el pendent de la recta tangent és $-3\sqrt{2}$.

Per calcular el pendent de la recta tangent en un punt de l'el·lipse derivem l'equació.

$$18x + 8yy' = 0 \Rightarrow y' = \frac{-9x}{8y}$$

Busquem els punts de l'el·lipse que compleixen

$$\frac{-9x}{8y} = -3\sqrt{2}$$

Per tant, hem de resoldre el sistema

$$\left.\begin{array}{r}\frac{-9x}{8y} = -3\sqrt{2} \\ 9x^2 + 4y^2 = 36\end{array}\right\}$$

Aïllant $x$ de la primera equació, i substituint a la segona trobem

$$x = \frac{4\sqrt{2}}{3}y \Rightarrow 9\left(\frac{4\sqrt{2}}{3}y\right)^2 + 4y^2 = 36 \Leftrightarrow 32y^2 + 4y^2 = 36 \Leftrightarrow y = \pm 1$$

Les solucions són, per tant,

$$y = 1 \Rightarrow x = \frac{4\sqrt{2}}{3}$$
$$y = -1 \Rightarrow x = \frac{-4\sqrt{2}}{3}$$

que corresponen als dos punts $\left(\frac{4\sqrt{2}}{3}, 1\right)$ i $\left(\frac{-4\sqrt{2}}{3}, -1\right)$.

**Problema 3.10** Troba la recta tangent a la corba d'equació $x^3 - 3x^2y + 2y^2 = 0$ en el punt $\left(1, \frac{1}{2}\right)$.

**Solució** El punt $\left(1, \frac{1}{2}\right)$ és de la corba, perquè $1^3 - 3 \cdot 1^2 \frac{1}{2} + 2\left(\frac{1}{2}\right)^2 = 0$.

Derivem implícitament l'equació i aïllem $y'$.

$$3x^2 - 6xy - 3x^2y' + 4yy' = 0 \Rightarrow y' = \frac{3x^2 - 6xy}{3x^2 - 4y}$$

Per tant,

$$y'\left(1, \frac{1}{2}\right) = \frac{3 \cdot 1^2 - 6 \cdot 1\frac{1}{2}}{3 \cdot 1^2 - 4\frac{1}{2}} = 0$$

La recta tangent a la corba en el punt $\left(1, \frac{1}{2}\right)$ té equació $y - \frac{1}{2} = 0$.

**Problema 3.11** Calcula la recta tangent a la corba $x^3 - xy + y^3 = 1$ en el punt $(1, -1)$.

**Solució** El punt $(1, -1)$ és de la corba, perquè $1^3 - 1 \cdot (-1) + (-1)^3 = 1$.

El pendent de la recta tangent a la corba en aquest punt vindrà donat pel valor de $y'$ en aquest punt. Derivem l'equació implícitament.

$$3x^2 - y - xy' + 3y^2y' = 0 \Rightarrow y' = \frac{y - 3x^2}{3y^2 - x}$$

Substituint,

$$y'(1, -1) = \frac{-1 - 3}{3 - 1} = -2$$

Per tant, la recta tangent buscada és la recta pel punt $(1, -1)$ de pendent $-2$.

L'equació és doncs $y + 1 = -2(x - 1) \Leftrightarrow 2x + y = 1$.

**Problema 3.12** Calcula la recta tangent i la recta normal a la corba $\cos(x + y) = y^2$ en el punt $(1, -1)$.

**Solució** El punt $(1, -1)$ és de la corba, perquè $\cos(1 - 1) = \cos 0 = 1 = (-1)^2$.

Calculem $y'(1, -1)$, que ens donarà el pendent de la recta tangent.

$$\cos(x + y) = y^2 \Rightarrow -\sin(x + y)(1 + y') = 2y \cdot y' \Rightarrow y' = \frac{-\sin(x + y)}{2y + \sin(x + y)} \Rightarrow y'(1, -1) = 0$$

La recta tangent a la corba en $(1, -1)$ té pendent 0. Per tant és la recta d'equació $y = -1$.

La recta normal a la corba en $(1, -1)$ és perpendicular a la recta tangent, per tant és la recta d'equació $x = 1$.

**Problema 3.13** Troba l'equació de la recta tangent a la corba $y^2 + xy = 1$ en el punt $(0, 1)$.

**Solució** El punt $(0, 1)$ és de la corba, perquè $1^2 + 0 \cdot 1 = 1$.

Derivem implícitament l'equació de la corba i aïllem la derivada.

$$2yy' + y + xy' = 0 \Rightarrow y' = \frac{-y}{2y + x}$$

Substituint el punt $(0,1)$, $y'(0,1) = \frac{-1}{2}$, que és el pendent de la recta tangent.

La recta tangent a la corba en el punt $(0,1)$ és la recta d'equació $y - 1 = \frac{-1}{2}x$, és a dir, $x + 2y = 2$.

**Problema 3.14** Calcula la recta tangent a la corba d'equació $xy = \ln(x^2 + y^2)$ en el punt $(0,1)$.

**Solució** El punt $(0,1)$ és de la corba, perquè $0 \cdot 1 = 0 = \ln(0^2 + 1^2)$.

Derivem implícitament l'equació de la corba i aïllem la derivada.

$$y + xy' = \frac{2x + 2yy'}{x^2 + y^2} \Rightarrow \left( x - \frac{2y}{x^2 + y^2} \right) y' = \frac{2x}{x^2 + y^2} - y \Rightarrow$$

$$\Rightarrow (x^3 + xy^2 - 2y)y' = 2x - x^2y - y^3 \Rightarrow y' = \frac{2x - x^2y - y^3}{x^3 + xy^2 - 2y}$$

Substituint, $y'(0,1) = \frac{1}{2}$ i l'equació de la recta tangent és $2y - 2 = x$.

**Problema 3.15** Calcula la recta tangent a la corba d'equació $ye^y = e^x$ en el punt $(e + 1, e)$.

**Solució** El punt $(0,1)$ és de la corba, perquè $1^2 + 0 \cdot 1 = 1$.

Derivem implícitament l'equació de la corba i aïllem la derivada.

$$y'e^y + yy'e^y = e^x \Rightarrow y'e^y(1 + y) = e^x \Rightarrow y' = \frac{e^x}{(1 + y)e^y}$$

Substituint,

$$y'(e + 1, e) = \frac{e^{e+1}}{(1 + e)e^e} = \frac{e}{1 + e}$$

L'equació de la recta tangent és $y - e = \frac{e}{e+1}(x - e - 1)$, equivalent a

$$ex - (e + 1)y = 0$$

## 3.4 Extrems

**Problema 3.16** Estudia els extrems relatius de la funció $f(x) = x\sqrt[3]{(x - 1)^2}$.

**Solució** Derivem $f$ per buscar els punts crítics.

$$f'(x) = \sqrt[3]{(x - 1)^2} + x\frac{2}{3\sqrt[3]{x - 1}} = \frac{5x - 3}{3\sqrt[3]{x - 1}}$$

- Punts on $f'(x)$ no existeix: $x - 1 = 0 \Leftrightarrow x = 1$.

- Punts on $f'$ s'anul·la: $f'(x) = 0 \Leftrightarrow 5x - 3 = 0 \Leftrightarrow x = \frac{3}{5}$.

Estudiem el creixement de $f(x)$ a partir del signe de $f'(x)$ en els intervals determinats pels punts crítics:

- Com que $f'(0) = 1 > 0$, podem assegurar que $x < \frac{3}{5} \Rightarrow f'(x) > 0$.
- Com que $f'(\frac{4}{5}) = \frac{\sqrt[3]{-5}}{3} < 0$, podem assegurar que $\frac{3}{5} < x < 1 \Rightarrow f'(x) < 0$.
- Com que $f'(2) = \frac{7}{3} > 0$, podem assegurar que $x > 1 \Rightarrow f'(x) > 0$.

Per tant, $f$ creix per $x < \frac{3}{5}$, decreix entre $\frac{3}{5}$ i $1$, i creix per $x > 1$.

Extrems relatius de $f$: la funció té un màxim relatiu en $x = \frac{3}{5}$, el valor del qual és $f\left(\frac{3}{5}\right) = \frac{3}{5}\sqrt[3]{\frac{4}{25}}$ i un mínim relatiu en $x = 1$, el valor del qual és $f(1) = 0$.

**Problema 3.17** Estudia els extrems relatius de la funció $f(x) = (x - 1)\sqrt[3]{x}$.

**Solució** Derivem $f$ per buscar els punts crítics.

$$f'(x) = \sqrt[3]{x} + \frac{x - 1}{3\sqrt[3]{x^2}} = \frac{3x + x - 1}{3\sqrt[3]{x^2}} = \frac{4x - 1}{3\sqrt[3]{x^2}}$$

- Punts on $f'(x)$ no existeix: $3\sqrt[3]{x^2} = 0 \Leftrightarrow x = 0$.
- Punts on $f'$ s'anul·la: $f'(x) = 0 \Leftrightarrow 4x - 1 = 0 \Leftrightarrow x = \frac{1}{4}$.

Estudiem el creixement de $f(x)$ a partir del signe de $f'(x)$ en els intervals determinats pels punts crítics:

- Com que $f'(-1) = \frac{-5}{3} < 0$, podem assegurar que $x < 0 \Rightarrow f'(x) < 0$.
- Com que $f'(1/8) = \frac{-1/2}{3/4} < 0$, podem assegurar que $0 < x < \frac{1}{4} \Rightarrow f'(x) < 0$.
- Com que $f'(1) = 1 > 0$, podem assegurar que $x > \frac{1}{4} \Rightarrow f'(x) > 0$.

Per tant, $f$ decreix per $x < 0$ i també entre $0$ i $\frac{1}{4}$, i creix per $x > \frac{1}{4}$.

Extrems relatius de $f$: la funció té un mínim relatiu en $x = \frac{1}{4}$, el valor del qual és $f\left(\frac{1}{4}\right) = \frac{1}{\sqrt[3]{4}}$. El punt $x = 0$ és un punt d'inflexió.

**Problema 3.18** Estudia els extrems relatius de la funció $f(x) = \frac{x}{3} - \sqrt[3]{x - 2}$

**Solució** Derivem $f$ per buscar els punts crítics.

$$f'(x) = \frac{1}{3} - \frac{1}{3\sqrt[3]{(x - 2)^2}} = \frac{\sqrt[3]{(x - 2)^2} - 1}{3\sqrt[3]{(x - 2)^2}}$$

- Punts on $f'(x)$ no existeix: $x - 2 = 0 \Leftrightarrow x = 2$.

- Punts on $f'$ s'anul·la: $f'(x) = 0 \Leftrightarrow \sqrt[3]{(x-2)^2} - 1 = 0 \Leftrightarrow \sqrt[3]{(x-2)^2} = 1 \Leftrightarrow (x-2)^2 = 1 \Leftrightarrow x - 2 = \pm 1 \Leftrightarrow x = 3$ o $x = 1$.

Estudiem el creixement de $f(x)$ en els intervals determinats pels punts crítics:

- Com que $f'(0) = \frac{\sqrt[3]{4}-1}{3\sqrt[3]{4}} > 0$, podem assegurar que $x < 1 \Rightarrow f'(x) > 0$.
- Com que $f'(3/2) = (1 - \sqrt[3]{4})/3 < 0$, podem assegurar que $1 < x < 2 \Rightarrow f'(x) < 0$.
- Com que $f'(5/2) = (1 - \sqrt[3]{4})/3 < 0$, podem assegurar que $2 < x < 3 \Rightarrow f'(x) < 0$.
- Com que $f'(4) = \frac{\sqrt[3]{4}-1}{3\sqrt[3]{4}} > 0$, podem assegurar que $x > 3 \Rightarrow f'(x) > 0$.

Per tant, $f$ creix per $x < 1$, decreix entre 1 i 2, i també entre 2 i 3, i creix per $x > 3$.

Extrems relatius de $f$: la funció té un màxim relatiu en $x = 1$, el valor del qual és $f(1) = 4/3$ i un mínim relatiu en $x = 3$, el valor del qual és $f(3) = 0$.

## 3.5 Problemes d'optimització

**Problema 3.19** Una caixa oberta rectangular amb la base quadrada ha de contenir 324 litres. El cost per unitat de superfície de la base és 3 vegades el dels laterals. Trobeu les dimensions més econòmiques.

**Solució** Si les dimensions de la caixa són: $x$ el costat de la base i $y$ l'altura, el volum és $x^2 y = 324$. Per tant, l'altura és $y = \frac{324}{x^2}$.

La superfície de la base és $x^2$ i la de cadascun dels laterals és $xy = \frac{324}{x}$.

El cost de la base és 3 vegades el dels laterals. Podem suposar costos 3 per a la base i 1 per als laterals.

La funció que hem de minimitzar és el cost total,

$$C(x) = 3x^2 + 4 \cdot \frac{324}{x} = 3x^2 + \frac{1296}{x}$$

amb $x > 0$, és a dir, $x \in (0, +\infty)$. Calculem la derivada de $C$

$$C'(x) = 6x - \frac{1296}{x^2} = \frac{6x^3 - 1296}{x^2}$$

Com que s'ha de complir $x > 0$, la derivada existeix. Els punts crítics són

$$C'(x) = 0 \Leftrightarrow 6x^3 - 1296 = 0 \Leftrightarrow x = \sqrt[3]{\frac{1296}{3}} = 6$$

Calculem la derivada segona de $C$ en el punt crític, per veure si és un màxim o un mínim.

$$C''(x) = 6 + \frac{2592}{x^4}$$

Com que $C''(x)$ és sempre positiva, el punt $x = 6$ és un mínim relatiu. A més, la funció és contínua en $(0, +\infty)$ i no té més punts crítics. Per tant, el punt $x = 6$ també és un mínim absolut.

Les dimensions de la caixa són $6\,dm \times 6\,dm \times \frac{324}{36}\,dm = 6\,dm \times 6\,dm \times 9\,dm$.

**Problema 3.20** Trobar la distància mínima del punt $(0, 5)$ a la corba d'equació $\frac{x^2}{16} - \frac{y^2}{9} = 1$.

**Solució** Distància del punt $(0, 5)$ a un punt $(x, y)$ és $D = \sqrt{x^2 + (y-5)^2}$. Si $(x, y)$ és un punt de la hipèrbola, es compleix

$$\frac{x^2}{16} - \frac{y^2}{9} = 1 \Leftrightarrow \frac{x^2}{16} = 1 + \frac{y^2}{9} \Leftrightarrow x^2 = \frac{16}{9}(9 + y^2)$$

La funció a minimitzar és la distància que, en funció de $y$, és

$$D(y) = \sqrt{\frac{16}{9}(9 + y^2) + (y-5)^2} = \sqrt{16 + \frac{16}{9}y^2 + y^2 - 10y + 25} = \sqrt{\frac{25}{9}y^2 - 10y + 41}$$

Observem, però, que un punt és un mínim de la funció $D$ si i només si ho és de la funció $D^2$. Per tant, podem treballar amb la funció $Q(y) = (D(y))^2$

$$Q(y) = \frac{25y^2 - 90y + 369}{9}$$

Derivem i igualem a 0 per buscar els punts crítics.

$$Q'(y) = \frac{50}{9}y - 10 = 0 \Rightarrow y = \frac{9}{5}$$

La derivada segona de $Q$ és $Q''(y) = \frac{50}{9} > 0$. Per tant, $Q$ presenta un mínim relatiu i, en aquest cas absolut, en el punt $y = \frac{9}{5}$.

La distància mínima del punt $(0, 5)$ a la hipèrbola és

$$D\left(\frac{9}{5}\right) = \sqrt{Q\left(\frac{9}{5}\right)} = \sqrt{\frac{25}{9}\left(\frac{9}{5}\right)^2 - 10\frac{9}{5} + 41} = \sqrt{9 - 18 + 41} = \sqrt{32} = 4\sqrt{2}$$

**Problema 3.21** Volem dissenyar un envàs que tingui forma de prisma rectangular de base quadrada i una capacitat de $80\,cm^3$. Per a la tapa i la superfície lateral utilitzem un material determinat, mentre que per a la base hem de fer servir un material que és un 50% més car. Calcula les dimensions d'aquest envàs per tal que el seu preu sigui el més econòmic possible.

**Solució**

- Dimensions de l'envàs: base $x \times x$, altura $y \Rightarrow x^2 y = 80 \Rightarrow y = 80/x^2$.
- Superfície de la base: $x^2$.
- Superfície lateral més la tapa: $4xy + x^2$.
- Cost del material: material dels laterals i la tapa: cost 1, material de la base: cost $\frac{3}{2}$.

La funció que volem minimitzar és el cost total de l'envàs, és a dir,

$$f(x) = \frac{3}{2}x^2 + 4x\frac{80}{x^2} + x^2 = \frac{5}{2}x^2 + \frac{320}{x}$$

Observem que $x$ pot prendre qualsevol valor positiu, és a dir, $x \in (0, +\infty)$ Si la funció té mínim absolut, serà un dels extrems relatius.

Punts crítics:

$$f'(x) = 5x - \frac{320}{x^2} = 0 \Rightarrow 5x^3 - 320 = 0 \Rightarrow x = \sqrt[3]{320/5} = \sqrt[3]{64} = 4$$

L'únic punt crític és $x = 4$. Per tant, si és un mímim relatiu també serà el mínim absolut. Comprovem que és un mínim calculant la segona derivada:

$$f''(x) = 5 + \frac{640}{x^3} \Rightarrow f''(4) < 0$$

El cost és mínim quan $x = 4$ i $y = 80/x = 5$. Les dimensions són, per tant, $4 \times 4 \times 5$.

**Problema 3.22** Volem construir una llauna cilíndrica de $\frac{2000}{\pi^2}\ cm^3$. Quins han de ser el radi $r$ i la longitud $\ell$ si volem que l'àrea total sigui mínima?

**Solució** Recordem les fórmules per al volum, l'àrea de la base i l'àrea lateral del cilindre:

$$V = \pi r^2 \ell, \qquad A_{base} = \pi r^2, \qquad A_{lateral} = 2\pi r\ell$$

Com que el volum és conegut, podem deduir una relació entre el radi i la longitud:

$$V = \pi r^2 \ell = \frac{2000}{\pi^2} \Rightarrow \ell = \frac{2000}{\pi^3 r^2}$$

Per tant,

$$A_{base}(r) = \pi r^2, \qquad A_{lateral}(r) = 2\pi r \frac{2000}{\pi^3 r^2}$$

La funció que volem minimitzar és l'àrea total:

$$A(r) = 2 \cdot A_{base}(r) + A_{lateral}(r) = 2\pi r^2 + 2\pi r \frac{2000}{\pi^3 r^2} = 2\pi r^2 + \frac{4000}{\pi^2 r}$$

L'interval en el qual $r$ pot prendre valors és $(0, +\infty)$.

**Punts crítics** La derivada s'anul·la o no existeix.

$$A'(r) = 4\pi r - \frac{4000}{\pi^2 r^2} = 0 \Leftrightarrow \pi r = \frac{1000}{\pi^2 r^2} \Leftrightarrow r^3 = \frac{1000}{\pi^3} \Leftrightarrow r = \frac{10}{\pi}$$

La derivada existeix en tots els punts de $(0, +\infty)$.

**Estudi dels punts crítics** Calculem la derivada segona de $A$.

$$A''(r) = 4\pi + \frac{8000}{\pi^2 r^3}$$

que és sempre positiva. Per tant, la funció $A(r)$ presenta un mínim relatiu en $r = \frac{10}{\pi}$. I com que la funció és contínua en $(0, +\infty)$ i no té més punts crítics, és també un mínim absolut.

L'àrea total mínima correspon a les dimensions

$$r = \frac{10}{\pi}, \qquad l = \frac{2000}{\pi^3 \frac{100}{\pi^2}} = \frac{20}{\pi}$$

i el seu valor és

$$A\left(\frac{10}{\pi}\right) = 2\pi\left(\frac{10}{\pi}\right)^2 + \frac{4000}{\pi^2 \frac{10}{\pi}} = \frac{600}{\pi}$$

**Problema 3.23** En el duel de problemes matemàtics entre Ferrari i Tartaglia l'any 1535, Ferrari va proposar el següent problema.

*Trobar dos nombres positius que sumin 8 tals que el seu producte multiplicat per la seva diferència sigui màxim.*

Resol el problema.

**Solució** Utilitzem $x$ i $y$ per als dos nombres. S'ha de complir $x + y = 8$, $x \geq 0$ i $y \geq 0$. Per tant, també $x \leq 8$ i $y \leq 8$.

La funció que volem maximitzar és

$$f(x, y) = x \cdot y \cdot (x - y)$$

que es pot escriure, utilitzant $y = 8 - x$ com

$$f(x) = x(8 - x)(2x - 8)$$

L'interval on la variable pot prendre valors és $[0, 8]$.

Busquem els punts crítics en l'interval, que són els punts de l'interval que anul·len la derivada.

$$f(x) = -2x^3 + 24x^2 - 64x \Rightarrow f'(x) = -6x^2 + 48x - 64$$

$$-6x^2 + 48x - 64 = 0 \Leftrightarrow -3x^2 + 24x - 32 = 0 \Rightarrow x = \frac{-24 \pm \sqrt{24^2 - 12 \cdot 32}}{-6}$$

Utilitzem $24^2 - 12 \cdot 32 = 24(24 - 16) = 24 \cdot 8 = 64 \cdot 3$. Per tant, els punts crítics són

$$x = 4 \pm \frac{4\sqrt{3}}{3} = 4\left(1 \pm \frac{\sqrt{3}}{3}\right)$$

Com que $\frac{\sqrt{3}}{3} < 1$ tindrem que

$$0 < 4\left(1 - \frac{\sqrt{3}}{3}\right) < 4\left(1 + \frac{\sqrt{3}}{3}\right) < 8$$

Per veure quin és el màxim de $f(x)$ en $[0, 8]$, calculem el valor de $f$ en cadascun dels punts crítics i en els extrems de l'interval:

- $f(0) = 0$, $f(8) = 0$
- $x = 4\left(1 - \frac{\sqrt{3}}{3}\right) \Rightarrow y = 4\left(1 + \frac{\sqrt{3}}{3}\right)$ i $x - y = \frac{-8\sqrt{3}}{3} \Rightarrow$

  $\Rightarrow f\left(4\left(1 - \frac{\sqrt{3}}{3}\right)\right) = 4\left(1 - \frac{\sqrt{3}}{3}\right)4\left(1 + \frac{\sqrt{3}}{3}\right)\frac{-8\sqrt{3}}{3} = 16\frac{2}{3}\frac{-8\sqrt{3}}{3} = \frac{-16^2\sqrt{3}}{9}$

- $x = 4\left(1 + \frac{\sqrt{3}}{3}\right) \Rightarrow y = 4\left(1 - \frac{\sqrt{3}}{3}\right)$ i $x - y = \frac{8\sqrt{3}}{3} \Rightarrow$

  $\Rightarrow f\left(4\left(1 + \frac{\sqrt{3}}{3}\right)\right) = 4\left(1 + \frac{\sqrt{3}}{3}\right)4\left(1 - \frac{\sqrt{3}}{3}\right)\frac{8\sqrt{3}}{3} = 16\frac{2}{3}\frac{8\sqrt{3}}{3} = \frac{16^2\sqrt{3}}{9}$

El màxim s'assoleix en $x = 4\left(1 + \frac{\sqrt{3}}{3}\right)$. L'altre nombre és $y = 4\left(1 - \frac{\sqrt{3}}{3}\right)$. El valor del màxim és $\frac{16^2\sqrt{3}}{9}$.

**Problema 3.24** Una finestra "normanda" consisteix en un rectangle coronat amb una semicircumferència. Troba les dimensions de la finestra d'àrea màxima si el seu perímetre és de 10 metres.

**Solució** Utilitzem $x$ per a l'alçada del rectange i $r$ per al radi de la semicircumferència.

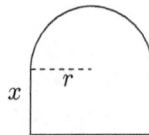

*Figura 3.1: La finestra normanda.*

S'ha de complir $2x + 2r + \pi r = 10$, $x \geq 0$ i $r \geq 0$. Per tant, també $r \leq \frac{10}{2+\pi}$.

La funció que volem maximitzar és

$$A(x, r) = 2rx + \frac{\pi r^2}{2}$$

Utilitzant $x = 5 - \frac{2+\pi}{2}r$ s'escriu com

$$A(r) = 2r\left(5 - \frac{2+\pi}{2}r\right) + \frac{\pi r^2}{2} = 10r - \left(2 + \frac{\pi}{2}\right)r^2$$

L'interval on la variable pot prendre valors és $\left[0, \frac{10}{2+\pi}\right]$.

Busquem els punts crítics en l'interval.

$$A'(r) = 10 - (4 + \pi)r = 0 \Leftrightarrow r = \frac{10}{4 + \pi}$$

que és de l'interval perquè $0 < \frac{10}{4+\pi} < \frac{10}{2+\pi}$.

Per veure quin és el màxim de $A(r)$ en $[0, \frac{10}{2+\pi}]$, calculem el valor de $A$ en cadascun dels punts crítics i en els extrems de l'interval:

- $A(0) = 0$, $A(\frac{10}{2+\pi}) = \frac{50\pi}{(2+\pi)^2}$

- $A\left(\frac{10}{4+\pi}\right) = 10\frac{10}{4+\pi} - \left(2 + \frac{\pi}{2}\right)\frac{100}{(4+\pi)^2} = \frac{50}{4+\pi}$

Ara,

$$50\pi(4 + \pi) < 50(2 + \pi)^2 = 4 + 4\pi + \pi^2 \Rightarrow \frac{50\pi}{(2 + \pi)^2} < \frac{50}{4 + \pi}$$

Per tant, el màxim s'assoleix en el punt $r = \frac{10}{4+\pi}$, que correspon a

$$x = 5 - \frac{2 + \pi}{2}\frac{10}{4 + \pi} = 5\left(1 - \frac{2 + \pi}{4 + \pi}\right) = \frac{10}{4 + \pi}$$

El valor d'aquest màxim és

$$A\left(\frac{10}{4 + \pi}\right) = \frac{50}{4 + \pi}$$

**Problema 3.25** Donada la paràbola $y = 4 - x^2$ es demana:

1. Calcula la recta tangent a la paràbola en un punt del primer quadrant de coordenada $x = c$. Quin és el rang de valors possibles per a $c$?

   **Solució**

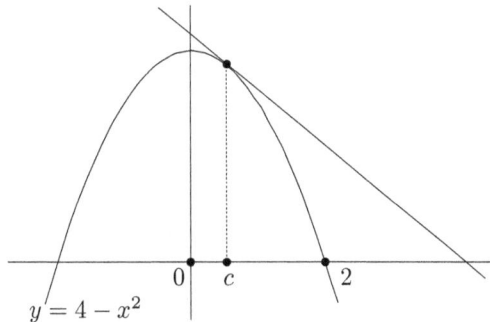

*Figura 3.2: Recta tangent a la paràbola $y = 4 - x^2$*

En la paràbola $y = 4 - x^2$, $x = c \Rightarrow y = 4 - c^2$. El pendent de la tangent és $y' = -2x$. Per tant, $y'(c) = -2c$.

La recta tangent és, doncs,

$$y - (4 - c^2) = -2c(x - c) \Rightarrow 2cx + y = 4 + c^2$$

El punt $(c, 4 - c^2)$ ha de ser del primer quadrant, és a dir, les dues coordenades han de ser positives. La paràbola $y = 4 - x^2$ talla l'eix $x$ en els punts $x = -2$ i $x = 2$. Per a $-2 \leq x \leq 2$, $y = 4 - x^2 \geq 0$. Per tant, $0 \leq c \leq 2$.

2. Calcula l'àrea del triangle determinat per la recta tangent calculada a l'apartat anterior, en el primer quadrant.

**Solució** Per calcular l'àrea del triangle determinat per la recta $2cx + y = 4 + c^2$ calculem els punts on talla els eixos:

- Eix $x$: $y = 0 \Rightarrow x = \frac{4+c^2}{2c} \Rightarrow$ la base del triangle és $\frac{4+c^2}{2c}$.
- Eix $y$: $x = 0 \Rightarrow y = 4 + c^2 \Rightarrow$ l'altura del triangle és $4 + c^2$.

L'àrea del triangle és, doncs, $A(c) = \frac{(4+c^2)^2}{4c}$.

3. Quant val $c$ si l'àrea d'aquest triangle és mínima?

**Solució** Hem de minimitzar la funció $A(c) = \frac{(4+c^2)^2}{4c}$ en l'interval $(0, 2]$.
Calculem els punts crítics.

$$A'(c) = \frac{2(4+c^2)2c^2 - (4+c^2)^2}{4c^2} = \frac{4+c^2}{4c^2}(4c^2 - (4+c^2)) = \frac{4+c^2}{4c^2}(3c^2 - 4)$$

$$A'(c) = 0 \Leftrightarrow 3c^2 - 4 = 0 \Leftrightarrow c = \pm\sqrt{\frac{4}{3}} = \pm\frac{2\sqrt{3}}{3}$$

Ens interessa només $c = \frac{2\sqrt{3}}{3}$, perquè el punt es troba al primer quadrant.

Com que $A'(1) = \frac{-5}{4} < 0$ i $A'(2) = 4 > 0$, podem assegurar que per a $c < \frac{2\sqrt{3}}{3}$ la funció $A(c)$ decreix i per a $c > \frac{2\sqrt{3}}{3}$ la funció $A(c)$ creix.

L'àrea és mínima quan $c = \frac{2\sqrt{3}}{3}$.

**Problema 3.26** Donada la circumferència d'equació $x^2 + y^2 = 1$ es demana:

1. Calcula la recta tangent a la circumferència en un punt del primer quadrant de coordenada $x = a$. Quin és el rang de valors possibles per a $a$?

**Solució**

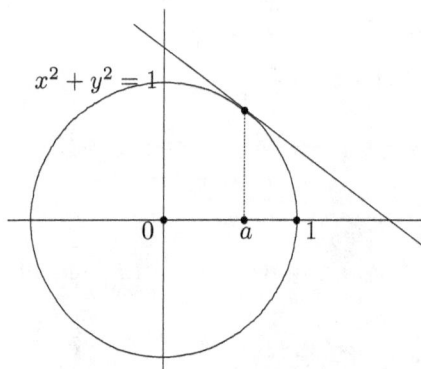

*Figura 3.3: Recta tangent a la circumferència $x^2 + y^2 = 1$*

En la circumferència $x^2 + y^2 = 1$, $x = a \Rightarrow y = \sqrt{1 - a^2}$. Derivant implícitament trobem $2x + 2yy' = 0$. El pendent de la tangent és $y' = -\frac{x}{y}$.

En $x = a$, $y'(a) = \frac{-a}{\sqrt{1-a^2}}$. La recta tangent és, doncs,

$$y - \sqrt{1-a^2} = \frac{-a}{\sqrt{1-a^2}}(x-a) \Leftrightarrow ax + \sqrt{1-a^2}\,y = 1$$

Els punts de la circumferència del primer quadrant amb primera coordenada $x = a$, són els que compleixen $0 \leq a \leq 1$.

2. Calcula els punts de tall de la recta tangent calculada a l'apartat anterior amb els eixos de coordenades.

**Solució**

- Punt de tall amb l'eix $x$: $y = 0 \Rightarrow x = \frac{1}{a} \Rightarrow A = \left(\frac{1}{a}, 0\right)$.
- Punt de tall amb l'eix $y$: $x = 0 \Rightarrow y = \frac{1}{\sqrt{1-a^2}} \Rightarrow B = \left(0, \frac{1}{\sqrt{1-a^2}}\right)$.

3. Quant val $a$ si la distància entre els dos punts de tall és mínima?

**Solució** La distància entre els dos punts de tall és

$$d(A,B) = \sqrt{\frac{1}{a^2} + \frac{1}{1-a^2}} = \sqrt{\frac{1-a^2+a^2}{a^2(1-a^2)}} = \frac{1}{a\sqrt{1-a^2}}$$

Hem de minimitzar la funció $D(a) = \frac{1}{a\sqrt{1-a^2}}$ en l'interval $(0,1)$.

Calculem els punts crítics.

$$D'(a) = \frac{-\sqrt{1-a^2} - a\frac{-2a}{2\sqrt{1-a^2}}}{a^2(1-a^2)} = \frac{-1+a^2+a^2}{a^2(1-a^2)\sqrt{1-a^2}} = \frac{-1+2a^2}{a^2(1-a^2)\sqrt{1-a^2}}$$

$$D'(a) = 0 \Leftrightarrow -1+2a^2 = 0 \Leftrightarrow a^2 = 1/2 \Leftrightarrow a = \pm\frac{\sqrt{2}}{2}$$

Ens interessa només $a = \frac{\sqrt{2}}{2}$, ja que el punt es troba al primer quadrant.

Es compleix $\frac{1}{2} < \frac{\sqrt{2}}{2} < \frac{3}{4}$. Com que

$$D'\left(\frac{1}{2}\right) = \frac{-1+2\left(\frac{1}{2}\right)^2}{\left(\frac{1}{2}\right)^2\left(1-\left(\frac{1}{2}\right)^2\right)\sqrt{1-\left(\frac{1}{2}\right)^2}} = \frac{-1/2}{3\sqrt{3}/32} < 0$$

$$D'\left(\frac{3}{4}\right) = \frac{-1+2\left(\frac{3}{4}\right)^2}{\left(\frac{3}{4}\right)^2\left(1-\left(\frac{3}{4}\right)^2\right)\sqrt{1-\left(\frac{3}{4}\right)^2}} = \frac{2/16}{63\sqrt{7}/1024} > 0$$

podem assegurar que per a $a < \frac{\sqrt{2}}{2}$ la funció $D(a)$ decreix i per a $a > \frac{\sqrt{2}}{2}$ la funció $D(a)$ creix.

La distància és mínima quan $a = \frac{\sqrt{2}}{2}$.

**Problema 3.27** Una avioneta $B$ es troba a $200\,Km$ a l'est d'una altra avioneta $A$. Si $B$ vola en direcció oest a $200\,Km/h$ i $A$ vola en direcció sud a $150\,Km/h$, troba en quin moment la distància entre les dues avionetes serà mínima.

**Solució** A l'instant de temps $t$, l'avioneta $A$ es troba a distància $150t$ al sud de la seva posició inicial, i l'avioneta $B$ es troba a distància $200t$ a l'oest de la seva posició inicial, és a dir, a distància $200 - 200t$ a l'est de la posició inicial de $A$.

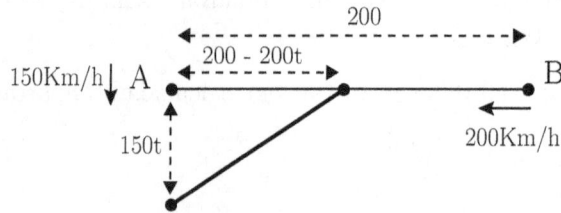

*Figura 3.4: La posició a l'instant $t$ de les avionetes $A$ i $B$.*

Volem minimitzar la funció que ens dóna la distància entre les dues avionetes, en l'instant de temps $t$,

$$d(t) = \sqrt{(150t)^2 + (200 - 200t)^2}$$

El rang de valors de $t$ és $[0, +\infty)$.

Observem que minimitzar $d(t)$ equival a minimitzar $d^2(t)$. L'avantatge és que les derivades es calculen més fàcilment. Anomenem $f(t) = d^2(t) = (150t)^2 + (200 - 200t)^2$. Traiem factor comú $50^2$, per evitar càlculs:

$$f(t) = 50^2((3t)^2 + (4 - 4t)^2) = 50^2(25t^2 - 32t + 16)$$

**Punts crítics** La derivada s'anul·la o no existeix:

$$f'(t) = 50^2(50t - 32) = 0 \Leftrightarrow t = \frac{32}{50} = \frac{16}{25}$$

**Estudi dels punts crítics** Calculem la derivada segona de $f$. Com que $f''(t) = 50^2 \cdot 50 = 50^3 > 0$, la funció $f(t)$ presenta un mínim relatiu en $t = \frac{16}{25}$. La funció és contínua en $[0, +\infty)$ i no té més punts crítics. Per tant, $t = \frac{16}{25}$, és també el mínim absolut.

La solució és, doncs, $t = \frac{16}{25}$ hores (des del moment que es comencen a moure).

**Problema 3.28** Un fil de $100\,cm$ es divideix en dos trossos de longitud $x$ i $y$. Amb el primer es forma un quadrat i amb el segon es forma un cercle.

1. Determineu quant val el costat del quadrat $\ell$ en funció de $x$, i el radi del cercle $r$ en funció de $y$.

   **Solució** Com que el perímetre del quadrat és $x = 4\ell$, tindrem $\ell = \frac{x}{4}$. Com que la longitud de la circumferència és $y = 2\pi r$ tindrem $r = \frac{y}{2\pi}$.

2. Calculeu $x$ i $y$ per tal que la suma de les àrees del quadrat i del cercle sigui màxima.

   **Solució** Tenim

- Àrea del quadrat: $A_1 = \ell^2$.
- Àrea del cercle: $A_2 = \pi r^2$.
- Relacions conegudes: $x + y = 1$, $\ell = \frac{x}{4}$ i $r = \frac{y}{2\pi}$.

Hem de buscar els valors de $x$ i $y$ que maximitzen la suma d'àrees. Per tant, hem de minimitzar la funció

$$A_1 + A_2 = \ell^2 + \pi r^2$$

Substituïm $\ell$ i $r$ pels seus valors, fem $y = 1 - x$, i calculem. S'obté la funció de $x$

$$f(x) = \left(\frac{1}{16} + \frac{1}{4\pi}\right) x^2 - \frac{1}{2\pi}x + \frac{1}{4\pi}$$

amb la condició $0 \leq x \leq 1$. Volem trobar el màxim de $f(x)$ en l'interval $[0, 1]$.

Derivem dues vegades per veure quins són els possibles extrems de $f(x)$

$$f'(x) = \left(\frac{1}{8} + \frac{1}{2\pi}\right) x - \frac{1}{2\pi} \quad f''(x) = \left(\frac{1}{8} + \frac{1}{2\pi}\right)$$

$$f'(x) = 0 \Leftrightarrow x = \frac{\frac{1}{2\pi}}{\frac{1}{8} + \frac{1}{2\pi}} = \frac{4}{\pi + 4}$$

Com que $f''$ és positiva, $f$ presenta un mínim relatiu en el punt $x = \frac{4}{\pi+4}$. A més, no hi ha més extrems relatius i la funció és contínua. Per tant, el màxim el trobarem en un dels dos extrems de l'interval.

Substituint obtenim

$$f(0) = \frac{1}{4\pi} \qquad f(1) = \frac{1}{16}$$

Com que $4\pi < 16$, tindrem que $\frac{1}{4\pi} > \frac{1}{16}$.

Per tant, l'àrea és màxima quan $x = 0$. Es tracta del cercle de perímetre 1 metre, i el quadrat de costat 0, que es redueix a un punt.

**Problema 3.29** Un jardiner ha de crear un parterre de forma rectangular de 16 $m^2$ de superfície, i li ha de posar una tanca al voltant. Quines han de ser les dimensions del parterre perquè el cost de la tanca sigui mínim?

**Solució** Utilitzem $x$ i $y$ per a les dimensions del parterre. Tindrem doncs:

- Superfície del parterre $x \cdot y = 16$.
- Longitud de la tanca $2x + 2y$. El cost de la tanca és proporcional a la seva longitud.
- Els valors de $x$ i $y$ han de ser positius.

De l'equació de la superfície podem deduir $y = \frac{16}{x}$. Per tant, la longitud de la tanca, que és la funció que volem minimitzar, és

$$L(x) = 2x + \frac{32}{x}$$

en l'interval obert $(0, +\infty)$. Derivem per calcular els punts crítics.

$$L'(x) = 2 - \frac{32}{x^2} = 0 \Leftrightarrow 2x^2 - 32 = 0 \Leftrightarrow x = \pm 4$$

El punt que ens interessa és $x = 4$. Comprovem que és un mínim en l'interval.

$$L''(x) = \frac{64}{x^3} \Rightarrow L''(4) = \frac{64}{4^3} = 1 > 0$$

ens indica que es tracta d'un mínim relatiu. Com que la funció és contínua, i no hi ha més extrems relatius ni punts crítics en aquest interval, el punt $x = 4$ també és un mínim absolut.

Les dimensions del parterre són $x = 4$ i $y = 4$.

### 3.5.1 Plantejament d'alguns problemes d'optimització

**Problema 3.30** La suma de dos nombres positius és 20. Trobeu els dos nombres en els casos següents:

1. El seu producte és màxim.

   **Solució**

   Denotem per $x$ i $y$ els dos nombres. Segons l'enunciat, tindrem:

   - $x + y = 20$
   - $x \geq 0$
   - $y \geq 0$

   Si $x$ és la variable, el segon nombre és $y = 20 - x$. I les condicions $x \geq 0$, $20 - x \geq 0$ ens indiquen que $x \in [0, 20]$.

   La funció que hem d'optimitzar és

   $$f(x) = x \cdot (20 - x)$$

   Hem de trobar el punt on assoleix el seu màxim absolut.

2. La suma dels seus quadrats és mínima.

   **Solució** L'únic que canvia respecte de l'apartat anterior és la funció a optimitzar.

   En aquest cas, es tracta de trobar el punt on la funció

   $$f(x) = x^2 + (20 - x)^2$$

   assoleix el seu mínim absolut.

3. El producte del quadrat d'un d'ells pel cub de l'altre és màxim.

   **Solució** L'únic que canvia respecte dels dos apartats anteriors és la funció a optimitzar.

   En aquest cas, es tracta de trobar el punt on la funció

   $$f(x) = x^3 \cdot (20 - x)^2$$

   assoleix el seu mínim absolut.

**Problema 3.31** El producte de dos nombres positius és 16. Trobeu els dos nombres en els casos següents:

1. La seva suma és mínima.

   **Solució** Denotem per $x$ i $y$ els dos nombres. Segons l'enunciat, tindrem:

   - $x \cdot y = 16$
   - $x > 0$
   - $y > 0$

   Si $x$ és la variable, llavors el segon nombre és $y = \frac{16}{x}$. I les condicions $x > 0$, $y > 0$ ens indiquen que $x \in (0, +\infty)$.

   La funció que hem d'optimitzar és

   $$f(x) = x + \frac{16}{x}$$

   Hem de trobar el punt on assoleix el seu mínim absolut.

2. La suma d'un d'ells i el quadrat de l'altre és mínima.

   **Solució** L'únic que canvia respecte de l'apartat anterior és la funció a optimitzar.

   En aquest cas, la funció que hem d'optimitzar és

   $$f(x) = x^2 + \frac{16}{x}$$

   Hem de trobar el punt on assoleix el seu mínim absolut.

**Problema 3.32** Una caixa oberta rectangular amb dos dels laterals quadrats ha de contenir $6400\ m^3$. El cost de la construcció de la caixa és de $0.75$ euros$/m^2$ per la base i $0.25$ euros$/m^2$ pels laterals. Trobeu les dimensions més econòmiques.

**Solució** Denotem per $x$ i $y$ les dimensions de la base de la caixa, i triem $x$ per a l'altura. Segons l'enunciat, tindrem:

- $x^2 \cdot y = 6400$
- $x > 0$
- $y > 0$

Utilitzem com a variable $x$. Llavors, $y = 6400/x^2$. I les condicions $x > 0$, $y > 0$ ens indiquen que $x \in (0, +\infty)$.

La funció que hem d'optimitzar és

$$C(x) = 0.75 \cdot xy + 0.5 \cdot (2x^2 + 2xy)$$

Hem de trobar el punt on assoleix el seu mínim absolut.

**Problema 3.33** Trobeu l'equació de la recta que passa pel punt $(3, 4)$ i talla del primer quadrant en un triangle d'àrea mínima.

**Solució** Una recta pel punt $(3, 4)$ té equació

$$y - 4 = m(x - 3)$$

Si ha de tallar l'eix $x$ i l'eix $y$ en punts del primer quadrant, aleshores $m < 0$.

Els dos punts on talla els eixos són

$$\left(\frac{3m-4}{m}, 0\right), \qquad (0, 4-3m)$$

Per tant, veiem que la variable que ens va bé utilitzar és $m$, el pendent de la recta, que a més compleix $m \in (-\infty, 0)$.

Podem calcular l'àrea del triangle que forma la recta en el primer quadrant: la seva base ens la dóna el punt on talla l'eix $x$ i la seva altura el punt on talla l'eix $y$. La funció que hem d'optimitzar és

$$A(m) = \frac{1}{2} \cdot \frac{3m-4}{m} \cdot (4-3m)$$

Hem de trobar el punt on assoleix el seu mínim absolut.

**Problema 3.34** Trobar la distància mínima pel punt $(4, 2)$ a la paràbola $y^2 = 8x$.

**Solució** Denotem les coordenades del punt per $(x, y)$, com és habitual. La distància d'un punt $(x, y)$ al punt $(4, 2)$ és

$$D = \sqrt{(x-4)^2 + (y-2)^2}$$

Segons l'enunciat tindrem: $y^2 = 8x$. Per tant, si utilitzem com a variable $y$, tindrem $x = y^2/8$.

Per minimitzar la distància al punt $(4, 2)$, podem fer-ho de dues maneres:

- Busquem el valor mínim de la funció $D(y) = \sqrt{\left(\frac{y^2}{8} - 4\right)^2 + (y-2)^2}$

- O bé busquem el valor mínim de la funció $d(y) = \left(\frac{y^2}{8} - 4\right)^2 + (y-2)^2$, que és més fàcil de calcular, sense oblidar al final que hem de fer l'arrel quadrada.

**Problema 3.35** Un corrent elèctric que flueix per un conductor circular de radi $r$ exerceix una força $F(x) = \dfrac{kx}{(x^2 + r^2)^{5/2}}$, amb $k > 0$ constant, sobre un imant situat verticalment sobre el centre del conductor, a una distància $x$. Proveu que la força és màxima quan $x = r/2$.

**Solució** En aquest problema no cal fer cap plantejament. La funció ja ve donada a l'enunciat, i se'ns demana de buscar el punt on assoleix el seu màxim absolut.

**Problema 3.36** S'inscriu un rectangle a l'el·lipse $x^2/400 + y^2/225 = 1$ amb els seus costats paral·lels als eixos de l'el·lipse. Calculeu les dimensions del rectangle en els casos següents:

1. La seva àrea és màxima.

    **Solució** El rectangle té tots els vèrtexs sobre l'el·lipse, un a cada quadrant. Denotem per $(x, y)$ el vèrtex del rectangle del primer quadrant. Per tant, tindrem:

    - Els quatre vèrtexs del rectangle són $(x, y)$, $(-x, y)$, $(-x, -y)$, $(x, -y)$.
    - Les dimensions del rectangle són $2x$ la base i $2y$ l'altura.
    - Es compleix $\frac{x^2}{400} + \frac{y^2}{225} = 1$.

Utilitzem com a variable $x$. Llavors, $y = \frac{3}{4}\sqrt{400 - x^2}$. Com a condicions sobre $x$ tindrem $x \geq 0$ i $400 - x^2 \geq 0$. Per tant, $x \in [0, 20]$.

La funció que hem d'optimitzar és

$$A(x) = 2x \cdot 2\frac{3}{4}\sqrt{400 - x^2}$$

Hem de trobar el punt on assoleix el seu mínim absolut.

2. El seu perímetre és màxim.

**Solució** L'únic que canvia respecte de l'apartat anterior és la funció a optimitzar.

En aquest cas, la funció que hem d'optimitzar és

$$P(x) = 2\left(2x + 2\frac{3}{4}\sqrt{400 - x^2}\right)$$

**Problema 3.37** Un generador eòlic s'ha d'instal·lar al mar, a 2 km perpendicularment de la costa. La subestació on es connecta és situada 4 km més avall del punt de perpendicularitat. La instal·lació del cable costa el doble (per unitat de longitud) si passa pel mar que si ho fa per terra. Quin camí ha de seguir el cable de cara a minimitzar el cost, és a dir, a quin punt per sota de la perpendicular tocarà el cable a la costa?

**Solució** Denotem per $x$ la distància del punt on el cable toca la costa al punt de la costa que queda enfront del generador. Llavors, una porció de longitud $d$ del cable s'instal·la al mar, i una porció de longitud $4 - x$ del cable s'instal·la a terra, tal com mostra el dibuix.

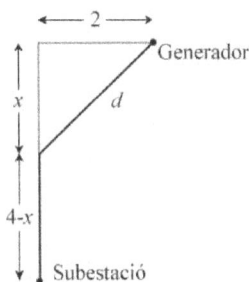

*Figura 3.5: El cable del generador eòlic a la subestació.*

Les condicions per a $x$ són $x \in [0, 4]$.

La funció que hem d'optimitzar és

$$C(x) = 4 - x + 2\sqrt{4 + x^2}$$

Hem de trobar el punt on assoleix el seu mínim absolut.

## 3.6 Polinomi de Taylor

**Problema 3.38** Calcula el polinomi de Taylor d'ordre 3 de la funció $f(x) = \frac{\ln x}{x}$ en el punt $a = 1$.

**Solució** Hem de trobar els coeficients del polinomi

$$P_{3,1}(x) = f(1) + f'(1)(x-1) + \frac{f''(1)}{2}(x-1)^2 + \frac{f'''(1)}{6}(x-1)^3$$

Calculem les derivades de $f(x)$, fins la d'ordre 3, i el seu valor en $x = 1$:

- $f(x) = \frac{\ln x}{x} \Rightarrow f(1) = 0$
- $f'(x) = \frac{\frac{1}{x}x - \ln x}{x^2} = \frac{1 - \ln x}{x^2} \Rightarrow f'(1) = 1$
- $f''(x) = \frac{-\frac{1}{x}x^2 - (1-\ln x)2x}{x^4} = \frac{-3 + 2\ln x}{x^3} \Rightarrow f''(1) = -3$
- $f'''(x) = \frac{\frac{2}{x}x^3 - (-3+2\ln x)3x^2}{x^6} = \frac{11 - 6\ln x}{x^4} \Rightarrow f'''(1) = 11$

Per tant,

$$P_{3,1} = x - 1 - \frac{3}{2}(x-1)^2 + \frac{11}{6}(x-1)^3$$

**Problema 3.39** Dóna el polinomi de Taylor de grau 3 al punt 3, $P_{3,3}(x)$, de la funció $f(x) = \sqrt{x-1}$.

**Solució** Hem de trobar els coeficients del polinomi

$$P_{3,3}(x) = f(3) + f'(3)(x-3) + \frac{f''(3)}{2}(x-3)^2 + \frac{f'''(3)}{6}(x-3)^3$$

Calculem les derivades de $f(x)$, fins la d'ordre 3, i el seu valor en $x = 3$:

- $f(3) = \sqrt{2}$
- $f'(x) = \frac{1}{2}(x-1)^{-1/2} \Rightarrow f'(3) = \frac{\sqrt{2}}{4}$
- $f''(x) = -\frac{1}{4}(x-1)^{-3/2} \Rightarrow f''(3) = -\frac{\sqrt{2}}{16}$
- $f'''(x) = \frac{3}{8}(x-1)^{-5/2} \Rightarrow f'''(3) = \frac{3\sqrt{2}}{64}$

Per tant,

$$P_{3,3}(x) = \sqrt{2} + \frac{\sqrt{2}}{4}(x-3) - \frac{\sqrt{2}}{32}(x-3)^2 + \frac{\sqrt{2}}{128}(x-3)^3$$

**Problema 3.40** Calcula el polinomi de Taylor d'ordre 3 en el punt $x = -1$ de la funció $f(x) = \ln(x+2)$.

**Solució** Hem de trobar els coeficients del polinomi

$$P_{3,-1}(x) = f(-1) + f'(-1)(x+1) + \frac{f''(-1)}{2}(x+1)^2 + \frac{f'''(-1)}{6}(x+1)^3$$

Calculem les derivades de $f(x)$, fins la d'ordre 3, i el seu valor en $x = -1$:

- $f(x) = \ln(x+2) \Rightarrow f(-1) = \ln 1 = 0$
- $f'(x) = \frac{1}{x+2} \Rightarrow f'(-1) = \frac{1}{1} = 1$
- $f''(x) = \frac{-1}{(x+2)^2} \Rightarrow f''(-1) = \frac{-1}{(1)^2} = -1$
- $f'''(x) = \frac{2}{(x+2)^3} \Rightarrow f'''(-1) = \frac{2}{(1)^3} = 2$

Per tant,
$$P_{3,-1}(x) = x + 1 - \frac{1}{2}(x+1)^2 + \frac{1}{3}(x+1)^3$$

**Problema 3.41** Dóna el polinomi de Taylor de grau 3 al punt 2, $P_{3,2}(x)$, de la funció $f(x) = (x^2 + 4) \arctan \frac{2}{x}$.

**Solució** Hem de trobar els coeficients del polinomi
$$P_{3,2}(x) = f(2) + f'(2)(x-2) + \frac{f''(2)}{2}(x-2)^2 + \frac{f'''(2)}{6}(x-2)^3$$

Calculem les derivades de $f(x)$, fins la d'ordre 3, i el seu valor en $x = 2$:

- $f(2) = 2\pi$
- $f'(x) = 2x \arctan \frac{2}{x} - 2 \Rightarrow f'(2) = \pi - 2$
- $f''(x) = 2 \arctan \frac{2}{x} - \frac{4x}{x^2+4} \Rightarrow f''(2) = \frac{\pi-2}{2}$
- $f'''(x) = \frac{-4}{x^2+4} + \frac{4(x^2-4)}{(x^2+4)^2} \Rightarrow f'''(2) = -\frac{1}{2}$

Per tant,
$$P_{3,2}(x) = 2\pi + (\pi - 2)(x-2) + \frac{\pi-2}{4}(x-2)^2 - \frac{1}{12}(x-2)^3$$

**Problema 3.42** Trobeu el polinomi de Taylor de grau 3 de la funció $f(x) = \tan x$ entorn del punt $x = \frac{\pi}{4}$.

**Solució** Hem de trobar els coeficients del polinomi
$$P_{3,\frac{\pi}{4}}(x) = f\left(\frac{\pi}{4}\right) + f'\left(\frac{\pi}{4}\right)\left(x - \frac{\pi}{4}\right) + \frac{f''\left(\frac{\pi}{4}\right)}{2}\left(x - \frac{\pi}{4}\right)^2 + \frac{f'''\left(\frac{\pi}{4}\right)}{6}\left(x - \frac{\pi}{4}\right)^3$$

Calculem les derivades de $f(x)$, fins la d'ordre 3, i el seu valor en $x = \frac{\pi}{4}$:

- $f(x) = \tan x \Rightarrow f(\frac{\pi}{4}) = 1$
- $f'(x) = \frac{1}{\cos^2 x} \Rightarrow f'(\frac{\pi}{4}) = \frac{1}{(\sqrt{2}/2)^2} = 2$
- $f''(x) = \frac{2 \sin x}{\cos^3 x} \Rightarrow f''(\frac{\pi}{4}) = \frac{2(\sqrt{2}/2)}{(\sqrt{2}/2)^3} = 4$
- $f''(x) = \frac{2\cos^2 x + 6\sin^2 x}{\cos^4 x} \Rightarrow f'''(\frac{\pi}{4}) = \frac{8(\sqrt{2}/2)^2}{(\sqrt{2}/2)^4} = 16$

Per tant,

$$P_{3,\frac{\pi}{4}} = 1 + 2\left(x - \frac{\pi}{4}\right) + 2\left(x - \frac{\pi}{4}\right)^2 + \frac{8}{3}\left(x - \frac{\pi}{4}\right)^3$$

**Problema 3.43** Donada la funció $f(x) = e^{2x}\sin x$, calculeu $P_{2,\frac{\pi}{4}}(x)$.

**Solució** Hem de trobar els coeficients del polinomi

$$P_{2,\frac{\pi}{4}}(x) = f\left(\frac{\pi}{4}\right) + f'\left(\frac{\pi}{4}\right)\left(x - \frac{\pi}{4}\right) + \frac{f''\left(\frac{\pi}{4}\right)}{2}\left(x - \frac{\pi}{4}\right)^2$$

Calculem les derivades de $f(x)$, fins la d'ordre 2, i el seu valor en $x = \frac{\pi}{4}$:

- $f(x) = e^{2x}\sin x \Rightarrow f\left(\frac{\pi}{4}\right) = e^{\pi/2} \cdot \frac{\sqrt{2}}{2}$
- $f'(x) = e^{2x}(2\sin x + \cos x) \Rightarrow f'\left(\frac{\pi}{4}\right) = e^{\pi/2} \cdot \frac{3\sqrt{2}}{2}$
- $f''(x) = e^{2x}(4\sin x + 2\cos x + 2\cos x - \sin x) \Rightarrow f''\left(\frac{\pi}{4}\right) = e^{\pi/2} \cdot \frac{7\sqrt{2}}{2}$

$$P_{2,\frac{\pi}{4}}(x) = e^{\pi/2} \cdot \frac{\sqrt{2}}{2} + e^{\pi/2} \cdot \frac{3\sqrt{2}}{2}\left(x - \frac{\pi}{4}\right) + e^{\pi/2} \cdot \frac{7\sqrt{2}}{4}\left(x - \frac{\pi}{4}\right)^2$$

$$P_{2,0.78539816}(x) = 3.40152117 + 10.20456351(x - 0.78539816) + 11.9053241(x - 0.78539816)^2$$

**Problema 3.44** Troba el primer terme no nul del desenvolupament en sèrie de Taylor al punt 0 de la funció $f(x) = 2\ln(1 + x) - \cos^2 x + 1 - 2x$.

**Solució** El terme de grau $k$ del desenvolupament en sèrie de Taylor de la funció $f(x)$ en el punt 0 és

$$\frac{f^{(k)}(0)}{k!}x^k$$

Hem de trobar el valor de $k$ més petit que fa $f^{(k)}(0) \neq 0$:

- $f(0) = 2\ln 1 - \cos^2 0 + 1 + 2 \cdot 0 = -1 + 1 = 0$
- $f'(x) = \frac{2}{1+x} + 2\cos x \sin x - 2 = \frac{2}{1+x} + \sin 2x - 2 \Rightarrow f'(0) = \frac{2}{1} + \sin 0 - 2 = 2 - 2 = 0$
- $f''(x) = \frac{-2}{(1+x)^2} + 2\cos 2x \Rightarrow f'(0) = \frac{-2}{1} + 2\cos 0 = -2 + 2 = 0$
- $f'''(x) = \frac{4}{(1+x)^3} - 4\sin 2x \Rightarrow f'(0) = \frac{4}{1} - 4\sin 0 = 4 + 0 = 4$

El primer terme no nul és, per tant, el terme de grau 3, i val

$$\frac{2}{3}x^3$$

**Problema 3.45** Donada la funció $f(x) = x\ln x$ calcula la diferència entre $f(x)$ i $P_{3,1}(x)$, en el punt 1.2

**Solució** Hem de trobar els coeficients del polinomi

$$P_{3,1}(x) = f(1) + f'(1)(x - 1) + \frac{f''(1)}{2}(x - 1)^2 + \frac{f'''(1)}{6}(x - 1)^3$$

Calculem les derivades de $f(x)$, fins la d'ordre 3, i el seu valor en $x = 1$:

- $f(x) = x \ln x \Rightarrow f(1) = 0$
- $f'(x) = \ln x + 1 \Rightarrow f'(1) = 1$
- $f''(x) = 1/x \Rightarrow f''(1) = 1$
- $f'''(x) = -1/x^2 \Rightarrow f'''(1) = -1$

Per tant,

$$P_{3,1}(x) = x - 1 + \frac{1}{2}(x-1)^2 - \frac{1}{6}(x-1)^3$$

La funció en $x = 1.2$ és

$$f(1.2) = 1.2 \cdot \ln 1.2 = 1.2 \cdot 0.18232156 = 0.21878587$$

El valor del polinomi de Taylor en $x = 1.2$ és

$$P_{3,1}(1.2) = 0.2 + \frac{1}{2}(0.2)^2 - \frac{1}{6}(0.2)^3 = 0.2 + \frac{0.04}{2} - \frac{0.008}{6} = 0.21866666$$

Per tant, la diferència, en valor absolut, entre $f(1.2)$ i $P_{3,1}(1.2)$ és

$$|f(1.2) - P_{3,1}(1.2)| = |1.2 \cdot \ln 1.2 - (0.2 + \frac{0.04}{2} - \frac{0.008}{6})| = |0.21878587 - 0.21866666| = 0.0001192$$

**Problema 3.46** Per a la funció $f(x) = \frac{\ln x}{x}$ calcula el polinomi de Taylor de grau 3 centrat al punt 1, i la diferència entre la funció i el polinomi en el punt $x = 0.9$

**Solució** Hem de trobar els coeficients del polinomi

$$P_{3,1}(x) = f(1) + f'(1)(x-1) + \frac{f''(1)}{2}(x-1)^2 + \frac{f'''(1)}{6}(x-1)^3$$

Calculem les derivades de $f(x)$, fins la d'ordre 3, i el seu valor en $x = 1$:

- $f(1) = 0$
- $f'(x) = \frac{\frac{1}{x}x - \ln x}{x^2} = \frac{1 - \ln x}{x^2} \Rightarrow f'(1) = 1$
- $f''(x) = \frac{\frac{-1}{x}x^2 - 2x(1 - \ln x)}{x^4} = \frac{-3 + 2\ln x}{x^3} \Rightarrow f''(1) = -3$
- $f'''(x) = \frac{\frac{2}{x}x^3 - 3x^2(-3 + 2\ln x)}{x^6} = \frac{11 - 6\ln x}{x^4} \Rightarrow f'''(1) = 11$

Per tant,

$$P_{3,1}(x) = (x - 1) - \frac{3}{2}(x-1)^2 + \frac{11}{6}(x-1)^3$$

Fem $x = 0.9$ en $f(x)$ i en $P_{3,1}(x)$

$$f(0.9) = \frac{\ln 0.9}{0.9} = -0.1170672397$$
$$P_{3,1}(0.9) = -0.1 - \frac{3}{2}(-0.1)^2 + \frac{11}{6}(-0.1)^3 = -0.1168333333$$

Així, la diferència en valor absolut entre la funció i el polinomi en el punt $x = 0.9$ és

$$|f(0.9) - P_{3,1}(0.9)| = 0.0002339064$$

**Problema 3.47** Per a la funció $f(x) = xe^{-x}$ calcula el polinomi de Taylor de grau 3 centrat al punt 1, i la diferència entre la funció i el polinomi en el punt $x = 1.1$

**Solució** Hem de trobar els coeficients del polinomi

$$P_{3,1}(x) = f(1) + f'(1)(x-1) + \frac{f''(1)}{2}(x-1)^2 + \frac{f'''(1)}{6}(x-1)^3$$

Calculem les derivades de $f(x)$, fins la d'ordre 3, i el seu valor en $x = 1$:

- $f(1) = e^{-1}$
- $f'(x) = (1-x)e^{-x} \Rightarrow f'(1) = 0$
- $f''(x) = (x-2)e^{-x} \Rightarrow f''(1) = -e^{-1}$
- $f'''(x) = (3-x)e^{-x} \Rightarrow f'''(1) = 2e^{-1}$

Per tant,

$$P_{3,1}(x) = e^{-1} - \frac{e^{-1}}{2}(x-1)^2 + \frac{e^{-1}}{3}(x-1)^3$$

Fem $x = 1.1$ en $f(x)$ i en $P_{3,1}(x)$:

$$f(1.1) = 1.1 \cdot e^{-1.1} = 0.3661581921$$
$$P_{3,1}(1.1) = e^{-1} - \frac{e^{-1}}{2}(0.1)^2 + \frac{e^{-1}}{3}(0.1)^3 = 0.3661626704$$

Així, la diferència en valor absolut entre la funció i el polinomi en el punt $x = 1.1$ és

$$|f(1.1) - P_{3,1}(1.1)| = 0.0000044783$$

**Problema 3.48** Per a la funció $f(x) = (x-1)\cos 2x$ calcula el polinomi de Taylor de grau 3 centrat al punt 0, i la diferència entre la funció i el polinomi en el punt $x = 0.03$

**Solució** Hem de trobar els coeficients del polinomi

$$P_{3,0}(x) = f(0) + f'(0)x + \frac{f''(0)}{2}x^2 + \frac{f'''(0)}{6}x^3$$

Calculem les derivades de $f(x)$, fins la d'ordre 3, i el seu valor en $x = 0$:

- $f(0) = -1$
- $f'(x) = \cos 2x - 2(x-1)\sin 2x \Rightarrow f'(0) = 1$
- $f''(x) = -4\sin 2x - 4(x-1)\cos 2x \Rightarrow f''(0) = 4$
- $f'''(x) = -12\cos 2x + 8(x-1)\sin 2x \Rightarrow f'''(0) = -12$

Per tant,

$$P_{3,0}(x) = -1 + x + 2x^2 - 2x^3$$

Fem $x = 0.03$ en $f(x)$ i en $P_{3,0}(x)$:

$$f(0.03) = (0.03 - 1)\cos 0.06 = -0.9682545237$$
$$P_{3,0}(0.03) = -1 + 0.03 + 2 \cdot 0.03^2 - 2 \cdot 0.03^3 = -0.968254$$

Així, la diferència en valor absolut entre la funció i el polinomi en el punt $x = 0.03$ és

$$|f(0.03) - P_{3,0}(0.03)| = 0.0000005237$$

**Problema 3.49** Per a la funció $f(x) = \sqrt{x-1}$ calcula el polinomi de Taylor de grau 3 centrat al punt 2, i la diferència entre la funció i el polinomi en el punt $x = 1.9$

**Solució** Hem de trobar els coeficients del polinomi

$$P_{3,2}(x) = f(2) + f'(2)(x-2) + \frac{f''(2)}{2}(x-2)^2 + \frac{f'''(2)}{6}(x-2)^3$$

Calculem les derivades de $f(x)$, fins la d'ordre 3, i el seu valor en $x = 2$:

- $f(2) = 1$
- $f'(x) = \frac{1}{2\sqrt{x-1}} \Rightarrow f'(2) = \frac{1}{2}$
- $f''(x) = \frac{-1}{4\sqrt{(x-1)^3}} \Rightarrow f''(2) = \frac{-1}{4}$
- $f'''(x) = \frac{3}{8\sqrt{(x-1)^5}} \Rightarrow f'''(2) = \frac{3}{8}$

Per tant,

$$P_{3,2}(x) = 1 + \frac{1}{2}(x-2) - \frac{1}{8}(x-2)^2 + \frac{1}{16}(x-2)^3$$

Fem $x = 1.9$ en $f(x)$ i en $P_{3,2}(x)$:

$$f(1.9) = \sqrt{0.9} = 0.9486832981$$
$$P_{3,2}(1.9) = 1 + \frac{1}{2} \cdot (-0.1) - \frac{1}{8}(-0.1)^2 + \frac{1}{16}(-0.1)^3 = 0.9486875000$$

Així, la diferència en valor absolut entre la funció i el polinomi en el punt $x = 1.9$ és

$$|f(1.9) - P_{3,2}(1.9)| = 0.0000042019$$

# 4 Integració de funcions d'una variable

En aquest capítol es calculen integrals en una variable. En el primer apartat es repassen els mètodes de càlcul de primitives. Després es donen alguns exemples d'integrals definides, amb la seva aplicació al càlcul d'àrees i volums, i integrals impròpies.

## 4.1 Càlcul de primitives

### 4.1.1 Integrals immediates i quasi-immediates

**Problema 4.1** Calcula les integrals següents:

1. $\displaystyle\int \sqrt[3]{x}(x-3)\,dx$

   **Solució** Multiplicant,

   $$\int \sqrt[3]{x}(x-3)\,dx = \int (x^{\frac{4}{3}} - 3x^{\frac{1}{3}})\,dx = \frac{3}{7}x^{\frac{7}{3}} - \frac{9}{4}x^{\frac{4}{3}} + C$$

2. $\displaystyle\int \frac{(3+2\sqrt{x})^2}{\sqrt[3]{x}}\,dx$

   **Solució** Desenvolupem el quadrat i dividim.

   $$\frac{(3+2\sqrt{x})^2}{\sqrt[3]{x}} = \frac{9 + 4x + 12\sqrt{x}}{\sqrt[3]{x}} = 9x^{-1/3} + 4x^{2/3} + 12x^{1/6}$$

   Per tant,

   $$\int \frac{(3+2\sqrt{x})^2}{\sqrt[3]{x}}\,dx = \int (9x^{-1/3} + 4x^{2/3} + 12x^{1/6})\,dx = \frac{27}{2}x^{2/3} + \frac{12}{5}x^{5/3} + \frac{72}{7}x^{7/6} + C$$

**Problema 4.2** Calcula les integrals següents:

1. $\displaystyle\int \frac{x-1}{\sqrt{x^2-2x}}dx$

   **Solució** Com que $2x - 2 = 2(x-1)$ és la derivada de $x^2 - 2x$, la integral és immediata.

   $$\int \frac{x-1}{\sqrt{x^2-2x}}dx = \int \frac{2(x-1)}{2\sqrt{x^2-2x}}dx = \sqrt{x^2-2x} + C$$

2. $\int \dfrac{x^2 - 1}{\sqrt{x^3 - 3x + 1}}\, dx$

**Solució** Com que $3x^2 - 3 = 3(x^2 - 1)$ és la derivada de $x^3 - 3x + 1$, la integral és immediata.

$$\int \frac{x^2 - 1}{\sqrt{x^3 - 3x + 1}}\, dx = \int \frac{2}{3}\, \frac{3(x^2 - 1)}{2\sqrt{x^3 - 3x + 1}}\, dx = \frac{2}{3}\sqrt{x^3 - 3x + 1} + C$$

3. $\int \dfrac{x\, dx}{\sqrt[4]{2 - x^2}}$

**Solució** Com que $2x$ és la derivada de $2 - x^2$, la integral és immediata.

$$\int \frac{x\, dx}{\sqrt[4]{2 - x^2}} = \int x(2 - x^2)^{\frac{-1}{4}}\, dx = \frac{-2}{3}(2 - x^2)^{\frac{3}{4}} + C$$

4. $\int \dfrac{dx}{\sqrt[3]{x^2}\sqrt{2 - \sqrt[3]{x}}}$

**Solució** Com que $\dfrac{-1}{3\sqrt[3]{x^2}}$ és la derivada de $2 - \sqrt[3]{x}$, la integral és immediata.

$$\int \frac{dx}{\sqrt[3]{x^2}\sqrt{2 - \sqrt[3]{x}}} = -6\sqrt{2 - \sqrt[3]{x}} + C$$

**Problema 4.3** Calcula les integrals següents:

1. $\int \dfrac{\cos(\ln x)}{x}\, dx$

**Solució** Com que $\frac{1}{x}$ és la derivada de $\ln x$, la integral és immediata.

$$\int \frac{\cos(\ln x)}{x}\, dx = \sin(\ln x) + C$$

2. $\int \dfrac{3}{x + 4x\ln x}\, dx$

**Solució** Traiem $x$ factor comú del denominador.

$$\int \frac{3}{x + 4x\ln x}\, dx = \int \frac{3}{x(1 + 4\ln x)}\, dx$$

Fem el canvi de variable $t = \ln x$ i $dt = \frac{1}{x}\, dx$ i tenim

$$\int \frac{3}{x + 4x\ln x}\, dx = \int \frac{3}{1 + 4t}\, dt = \frac{3}{4}\int \frac{4}{1 + 4t}\, dx = \frac{3}{4}\ln|1 + 4t| + C$$

Per acabar, desfem el canvi.

$$\int \frac{3}{x + 4x\ln x}\, dx = \frac{3}{4}\ln|1 + 4\ln x| + C$$

3. $\int \dfrac{dx}{(2x - 2)\ln(x - 1)}$

**Solució** Com que $\frac{1}{x-1}$ és la derivada de $\ln(x - 1)$, la integral és immediata.

$$\int \frac{dx}{(2x - 2)\ln(x - 1)} = \frac{1}{2}\ln|\ln(x - 1)| + C = \ln\sqrt{|\ln(x - 1)|} + C$$

**Observació**  No cal posar el valor absolut en $\ln(x-1)$, perquè la integral de l'enunciat conté l'expressió i, per tant, podem suposar que $x-1$ és positiu. En canvi, sí que l'hem de posar a $\ln|\ln(x-1)|$, perquè $\ln(x-1)$ podria ser negatiu.

4. $\displaystyle\int \frac{1}{x\ln\left(\frac{1}{x}\right)}\,dx$

**Solució** Simplifiquem l'expressió que es vol integrar

$$\frac{1}{x\ln\left(\frac{1}{x}\right)} = -\frac{1}{x\ln x}$$

Per tant,

$$\int \frac{1}{x\ln\left(\frac{1}{x}\right)}\,dx = \int -\frac{1}{x\ln x}\,dx = -\ln|\ln x| + C$$

5. $\displaystyle\int \frac{2\,dx}{\sqrt[3]{x^2}(1+\sqrt[3]{x})}$

**Solució** Com que $\frac{1}{3\sqrt[3]{x^2}}$ és la derivada de $1+\sqrt[3]{x}$, la integral és immediata.

$$\int \frac{2\,dx}{\sqrt[3]{x^2}(1+\sqrt[3]{x})} = 6\ln|1+\sqrt[3]{x}| + C$$

**Problema 4.4** Calcula les integrals següents:

1. $\displaystyle\int \sin^2 x\cos^3 x\,dx$

**Solució** Escrivint $\cos^2 x = 1 - \sin^2 x$,

$$\int \sin^2 x\cos^3 x\,dx = \int \sin^2 x(1-\sin^2 x)\cos x\,dx = \int (\sin^2 x-\sin^4 x)\cos x\,dx = \frac{\sin^3}{3} - \frac{\sin^5}{5} + C$$

2. $\displaystyle\int \frac{\sin 9x}{1+\cos 9x}\,dx$

**Solució** Com que $-9\sin 9x$ és la derivada de $-(1+\cos 9x)$, la integral és immediata.

$$\int \frac{\sin 9x}{1+\cos 9x}\,dx = -\frac{1}{9}\ln|1+\cos 9x| + C = \ln\frac{K}{\sqrt[9]{|1+\cos 9x|}}$$

**Problema 4.5** Calcula les integrals següents:

1. $\displaystyle\int \frac{e^{2\arctan x}}{x^2+1}\,dx$

**Solució** Com que $\frac{1}{x^2+1}$ és la derivada de $\arctan x$, la integral és immediata.

$$\int \frac{e^{2\arctan x}}{x^2+1}\,dx = \frac{1}{2}e^{2\arctan x} + C$$

2. $\displaystyle\int \frac{2\arcsin(3x)}{\sqrt{1-9x^2}}\, dx$

**Solució** Utilitzem que $\frac{3}{\sqrt{1-9x^2}}$ és la derivada de $\arcsin(3x)$.

$$\int \frac{2\arcsin(3x)}{\sqrt{1-9x^2}}\, dx = \frac{1}{3}\arcsin^2(3x) + C$$

3. $\displaystyle\int \frac{3}{4x^2+7}\, dx$

**Solució** Utilitzant que la derivada de $\arctan x$ és $\frac{1}{x^2+1}$, i ajustant les constants,

$$\int \frac{3}{4x^2+7}\, dx = \frac{3\sqrt{7}}{14}\arctan\frac{2\sqrt{7}x}{7} + C$$

4. $\displaystyle\int \frac{2x\, dx}{\sqrt{3-x^4}}$

**Solució** Utilitzant que $\frac{2x}{\sqrt{1-x^4}}$ és la derivada de $\arcsin x^2$, i ajustant les constants,

$$\int \frac{2x\, dx}{\sqrt{3-x^4}} = \int \frac{2x\, dx}{\sqrt{3-x^4}} = \arcsin\frac{x^2\sqrt{3}}{3} + C$$

**Problema 4.6** Calcula les integrals següents:

1. $\displaystyle\int e^{2x}\sqrt[3]{1+e^{2x}}\, dx$

**Solució** Com que $2e^{2x}$ és la derivada de $1+e^{2x}$, la integral és immediata.

$$\int e^{2x}\sqrt[3]{1+e^{2x}}\, dx = \frac{3}{8}\sqrt[3]{(1+e^{2x})^4} + C$$

2. $\displaystyle\int \frac{e^{-\frac{1}{x^3}}\, dx}{x^4}$

**Solució** Com que $\frac{3}{x^4}$ és la derivada de $\frac{-1}{x^3}$, la integral és immediata.

$$\int \frac{e^{-\frac{1}{x^3}}\, dx}{x^4} = \frac{1}{3}e^{-\frac{1}{x^3}} + C$$

## 4.1.2 Integració per parts

**Problema 4.7** Calcula la integral $\displaystyle\int \ln(x+2)\, dx$.

**Solució** Pel mètode d'integració per parts, amb

$$u = \ln(x+2) \Rightarrow du = \frac{dx}{x+2}$$
$$dv = dx \Rightarrow v = x$$

La integral es calcula

$$\int \ln(x+2)\, dx = x\ln(x+2) - \int \frac{x}{x+2}\, dx = x\ln(x+2) - \int\left(1 - \frac{2}{x+2}\right)dx = (x+2)\ln(x+2) - x + C$$

**Problema 4.8** Calcula la integral $\int \arcsin x \, dx$.

**Solució** Pel mètode d'integració per parts, amb

$$u = \arcsin x \Rightarrow du = \frac{dx}{\sqrt{1-x^2}}$$
$$dv = dx \Rightarrow v = x$$

La integral es calcula

$$\int \arcsin x \, dx = x \arcsin x - \int \frac{x}{\sqrt{1-x^2}} dx = x \arcsin x + \sqrt{1-x^2} + C$$

**Problema 4.9** Calcula la integral $\int x e^{-2x} \, dx$.

**Solució** Pel mètode d'integració per parts, amb

$$u = x \Rightarrow du = dx$$
$$dv = e^{-2x} \, dx \Rightarrow v = \frac{-1}{2} e^{-2x}$$

La integral es calcula

$$\int x e^{-2x} \, dx = -\frac{x}{2} e^{-2x} + \int \frac{e^{-2x}}{2} \, dx = -\left( \frac{x}{2} + \frac{1}{4} \right) e^{-2x} + C$$

**Problema 4.10** Calcula $\int e^{-2x} \sin x \, dx$.

**Solució** Aquesta integral és de tipus cíclic. Per calcular-la s'ha d'aplicar el mètode d'integració per parts dues vegades i arribar a una expressió de la qual es pot aïllar el valor de la integral. Amb

$$u = e^{-2x} \Rightarrow du = -2e^{-2x} \, dx$$
$$dv = \sin x \, dx \Rightarrow v = -\cos x$$

la integral es calcula

$$I = \int e^{-2x} \sin x \, dx = -e^{-2x} \cos x - 2 \int e^{-2x} \cos x \, dx$$

Tornem a aplicar el mètode d'integració per parts, amb

$$u = e^{-2x} \Rightarrow du = -2e^{-2x} \, dx$$
$$dv = \cos x \, dx \Rightarrow v = \sin x$$

La integral queda ara

$$I = \int e^{-2x} \sin x \, dx = -e^{-2x} \cos x - 2(e^{-2x} \sin x + 2 \int e^{-2x} \sin x \, dx) =$$

$$= -e^{-2x} \cos x - 2e^{-2x} \sin x - 4 \int e^{-2x} \sin x \, dx = -e^{-2x} \cos x - 2e^{-2x} \sin x - 4I$$

Aïllant la $I$ es troba el valor de la integral.

$$I = \int e^{-2x} \sin x \, dx = \frac{-e^{-2x}}{5} (\cos x + 2 \sin x) + C$$

### 4.1.3 Integració de funcions racionals

**Problema 4.11** Calcula la integral $\int \dfrac{1}{x^2-1}\,dx$.

**Solució** Descomponem en fraccions simples, tenint en compte $x^2-1=(x-1)(x+1)$.

$$\frac{1}{x^2-1}=\frac{A}{x-1}+\frac{B}{x+1}=\frac{A(x+1)+B(x-1)}{(x-1)(x+1)}$$

Per tant, $1=A(x+1)+B(x-1)$. Per trobar els valors de $A$ i $B$ fem $x=1$ i $x=-1$ en la igualtat. Trobem el sistema

$$\begin{cases} 2A=1 \\ -2B=1 \end{cases}$$

és a dir, $A=\frac{1}{2}$ i $B=\frac{-1}{2}$. Calculem la integral

$$\int \frac{1}{x^2-1}\,dx=\int \frac{1}{2}\left(\frac{1}{x-1}-\frac{1}{x+1}\right)\,dx=\frac{1}{2}(\ln|x-1|-\ln|x+1|)+C=\ln\sqrt{\left|\frac{x-1}{x+1}\right|}+C$$

**Problema 4.12** Calcula la integral $\int \dfrac{3}{x^2+4x+6}\,dx$.

**Solució** Les solucions de l'equació $x^2+4x+6=0$ són $x=-2\pm\sqrt{2}\mathrm{j}$. Això ens diu

$$x^2+4x+6=(x+2)^2+2$$

Ara podem calcular la integral

$$\int \frac{3}{x^2+4x+6}\,dx=\int \frac{3}{(x+2)^2+2}\,dx=\frac{3}{\sqrt{2}}\arctan\frac{x+2}{\sqrt{2}}+C=\frac{3\sqrt{2}}{2}\arctan\frac{\sqrt{2}(x+2)}{2}+C$$

**Problema 4.13** Calcula la integral $\int \dfrac{5}{x^2+x+5}\,dx$.

**Solució** Les solucions de l'equació $x^2+x+5=0$ són $x=-\frac{1}{2}\pm\frac{\sqrt{19}}{2}\mathrm{j}$. Això ens diu

$$x^2+x+5=\left(x+\frac{1}{2}\right)^2+\frac{19}{4}$$

Ara podem calcular la integral

$$\int \frac{5\,dx}{x^2+x+5}=\int \frac{5\,dx}{\left(x+\frac{1}{2}\right)^2+\frac{19}{4}}=\frac{5}{\frac{\sqrt{19}}{2}}\arctan\frac{x+\frac{1}{2}}{\frac{\sqrt{19}}{2}}+C=\frac{10\sqrt{19}}{19}\arctan\frac{\sqrt{19}(2x+1)}{19}+C$$

**Problema 4.14** Calcula la integral $\int \dfrac{x+1}{x^2+x+1}\,dx$.

**Solució** Les solucions de l'equació $x^2+x+1=0$ són $x=-\frac{1}{2}\pm\frac{\sqrt{3}}{2}\mathrm{j}$. Això ens diu

$$x^2+x+1=\left(x+\frac{1}{2}\right)^2+\frac{3}{4}$$

Per calcular la integral, la descomponem en suma de dues integrals. Una d'elles conté la $x$ en el numerador, que és múltiple de la derivada del denominador. L'altra, que no conté la $x$ en el numerador, és la que requereix expressar el denominador en termes de les seves arrels.

$$\int \frac{x+1}{x^2+x+1}\, dx = \frac{1}{2}\int \frac{2x+2}{x^2+x+1}\, dx = \frac{1}{2}\int \frac{2x+1}{x^2+x+1} + \frac{1}{x^2+x+1}\, dx =$$

$$= \frac{1}{2}\int \frac{2x+1}{x^2+x+1}\, dx + \frac{1}{2}\int \frac{1}{x^2+x+1}\, dx = \frac{1}{2}\ln(x^2+x+1) + \frac{1}{2}\int \frac{1}{(x+\frac{1}{2})^2+\frac{3}{4}}\, dx =$$

$$= \frac{1}{2}\ln(x^2+x+1) + \frac{1}{2}\frac{2}{\sqrt{3}}\arctan\left(\frac{2}{\sqrt{3}}\left(x+\frac{1}{2}\right)\right) + C =$$

$$= \frac{1}{2}\ln(x^2+x+1) + \frac{1}{\sqrt{3}}\arctan\left(\frac{2x+1}{\sqrt{3}}\right) + C$$

**Problema 4.15** Calcula la integral $\displaystyle\int \frac{x^3+1}{x(x^2+1)}\, dx$.

**Solució** Com que el grau del numerador és igual que el del denominador, comencem per dividir.

$$\frac{x^3+1}{x(x^2+1)} = \frac{x^3+1}{x^3+x} = \frac{x^3+x-x+1}{x^3+x} = 1 - \frac{x-1}{x(x^2+1)}$$

Per tant,

$$\int \frac{x^3+1}{x(x^2+1)}\, dx = \int \left(1 - \frac{x-1}{x(x^2+1)}\right)\, dx = x - \int \frac{x-1}{x(x^2+1)}\, dx$$

Descomponem en fraccions simples.

$$\frac{x-1}{x(x^2+1)} = \frac{A}{x} + \frac{Bx+C}{x^2+1} = \frac{A(x^2+1)+Bx^2+Cx}{x(x^2+1)} \Rightarrow A=-1,\ B=1,\ C=1$$

Podem escriure

$$\int \frac{x-1}{x(x^2+1)}\, dx = \int \frac{-1}{x} + \frac{x+1}{x^2+1}\, dx = -\ln|x| + \frac{1}{2}\ln(x^2+1) + \arctan x + C$$

Per tant,

$$\int \frac{x^3+1}{x(x^2+1)}\, dx = x - \int \frac{x-1}{x(x^2+1)}\, dx = x + \ln \frac{|x|}{\sqrt{x^2+1}} - \arctan x + C$$

**Problema 4.16** Calcula la integral $\displaystyle\int \frac{x^2+3x+4}{x^3+x^2+3x-5}\, dx$.

**Solució** Per descompondre el denominador, observem que el polinomi $x^3+x^2+3x-5$ es pot dividir per $x-1$, ja que substituint $x$ per 1 dóna zero. Fent la divisió pel mètode de Ruffini tenim

|   | 1 | 1 | 3 | -5 |
|---|---|---|---|----|
| 1 |   | 1 | 2 | 5  |
|   | 1 | 2 | 5 | 0  |

per tant, $x^3 + x^2 + 3x - 5 = (x-1)(x^2 + 2x + 5)$. Utilitzant la fórmula de l'equació de segon grau trobem les arrels del polinomi $x^2 + 2x + 5$.

$$x = \frac{-2 \pm \sqrt{4 - 20}}{2} = -1 \pm 2j$$

Podem doncs escriure

$$x^3 + x^2 + 3x - 5 = (x-1)((x+1)^2 + 2^2)$$

Descomponem el trencat en fraccions simples.

$$\frac{x^2 + 3x + 4}{x^3 + x^2 + 3x - 5} = \frac{A}{x-1} + \frac{Bx + C}{(x+1)^2 + 2^2} = \frac{A((x+1)^2 + 2^2)}{(x-1)((x+1)^2 + 2^2)} + \frac{(Bx + C)(x-1)}{(x-1)((x+1)^2 + 2^2)}$$

Igualant numeradors, tenim $x^2 + 3x + 4 = A((x+1)^2 + 2^2) + (Bx + C)(x-1)$. Per trobar els valors de $A$, $B$ i $C$, fem $x = 0$, $x = 1$ i $x = -1$ en la igualtat. Això ens dóna el sistema

$$\begin{cases} 4 = 5A - C \\ 8 = 8A \\ 2 = 4A + 2B - 2C \end{cases}$$

que té solució $A = 1$, $B = 0$ i $C = 1$. El trencat descompon

$$\frac{x^2 + 3x + 4}{x^3 + x^2 + 3x - 5} = \frac{1}{x-1} + \frac{1}{(x+1)^2 + 2^2}$$

Ara ja podem calcular la integral.

$$\int \frac{x^2 + 3x + 4}{x^3 + x^2 + 3x - 5} \, dx = \int \frac{1}{x-1} \, dx + \int \frac{1}{(x+1)^2 + 2^2} \, dx = \ln|x-1| + \frac{1}{2} \arctan \frac{x+1}{2} + K$$

### 4.1.4 Integració per canvi de variable

**Problema 4.17** Calcula la integral $\displaystyle\int \frac{e^x}{e^{2x} - 2e^x + 4} \, dx$.

**Solució** Per calcular la integral, hem de fer primer el canvi de variable $t = e^x$, que es deriva $dt = e^x \, dx$. Tindrem doncs

$$\int \frac{e^x}{e^{2x} - 2e^x + 4} \, dx = \int \frac{1}{t^2 - 2t + 4} \, dt$$

El denominador $t^2 - 2t + 4$ té arrels $t = \dfrac{2 \pm \sqrt{4 - 16}}{2} = 1 \pm \sqrt{3}j$. Podem escriure $t^2 - 2t + 4 = (t-1)^2 + (\sqrt{3})^2$. Ara ja podem calcular la integral respecte de $t$ i després desfer el canvi $t = e^x$.

$$\int \frac{e^x}{e^{2x} - 2e^x + 4} \, dx = \int \frac{1}{t^2 - 2t + 4} \, dt = \int \frac{1}{(t-1)^2 + (\sqrt{3})^2} \, dt = \frac{1}{\sqrt{3}} \arctan \frac{t-1}{\sqrt{3}} + K =$$

$$= \frac{\sqrt{3}}{3} \arctan \frac{\sqrt{3}(t-1)}{3} + K = \frac{\sqrt{3}}{3} \arctan \frac{\sqrt{3}(e^x - 1)}{3} + K$$

**Problema 4.18** Calcula la integral $\int \dfrac{3^x}{9^x + 2 \cdot 3^x + 3}\, dx$.

**Solució** Per calcular la integral, hem de fer primer el canvi de variable $t = 3^x$, que es deriva $dt = \ln 3 \cdot 3^x\, dx$. Hem de tenir en compte que $9^x = (3^x)^2$. Tindrem doncs

$$\int \frac{3^x}{9^x + 2 \cdot 3^x + 3}\, dx = \int \frac{1}{\ln 3} \cdot \frac{1}{t^2 + 2t + 3}\, dt$$

El denominador $t^2 + 2t + 3$ té arrels $t = \dfrac{-2 \pm \sqrt{4 - 12}}{2} = -1 \pm \sqrt{2}\mathrm{j}$. Podem escriure $t^2 + 2t + 3 = (t+1)^2 + (\sqrt{2})^2$. Ara ja podem calcular la integral respecte de $t$, i després desfer el canvi $t = 3^x$

$$\int \frac{3^x}{9^x + 2 \cdot 3^x + 3}\, dx = \int \frac{1}{\ln 3} \cdot \frac{1}{t^2 + 2t + 3}\, dt = \frac{1}{\ln 3} \cdot \int \frac{1}{(t+1)^2 + (\sqrt{2})^2}\, dt$$

$$= \frac{1}{\ln 3} \cdot \frac{1}{\sqrt{2}} \arctan \frac{t+1}{\sqrt{2}} + K = \frac{\sqrt{2}}{2 \ln 3} \arctan \frac{\sqrt{2}(3^x + 1)}{2} + K$$

**Problema 4.19** Calcula la integral $\int \dfrac{x^{1/3}}{2x - x^{2/3}}\, dx$.

**Solució** En aquest cas, convé aplicar el canvi $t^3 = x$, que implica $t = x^{1/3}$, $x^{2/3} = t^2$ i $dx = 3t^2\, dt$. La integral es calcula

$$\int \frac{x^{1/3}}{2x - x^{2/3}}\, dx = \int \frac{t}{2t^3 - t^2} 3t^2\, dt = \int \frac{3t^3}{2t^3 - t^2}\, dt = \int \frac{3t}{2t - 1}\, dt$$

Per descompondre el trencat en suma ens pot anar bé $2t$ al numerador.

$$\frac{3t}{2t - 1} = 3\frac{t}{2t - 1} = \frac{3}{2}\frac{2t}{2t - 1} = \frac{3}{2}\frac{2t - 1 + 1}{2t - 1} = \frac{3}{2}\left(1 + \frac{1}{2t - 1}\right)$$

Amb això el càlcul de la integral ens queda

$$\int \frac{x^{1/3}}{2x - x^{2/3}}\, dx = \int \frac{3t}{2t - 1}\, dt = \frac{3}{2} \int \left(1 + \frac{1}{2t - 1}\right) dt = \frac{3}{2}\left(t + \frac{1}{2}\ln|2t - 1|\right) + C$$

Desfent el canvi tenim

$$\int \frac{x^{1/3}}{2x - x^{2/3}}\, dx = \frac{3}{2}\sqrt[3]{3}\,x + \frac{3}{4}\ln|2\sqrt[3]{3}\,x - 1| + C$$

**Problema 4.20** Calcula la integral $\int \dfrac{dx}{\sin x}$

**Solució** Fem el canvi de variable $t = \cos x$ i $dt = -\sin x\, dx$. Tenim doncs $\sin x = \sqrt{1 - t^2}$ i $dx = -\dfrac{dt}{\sqrt{1 - t^2}}$. La integral es calcula

$$\int \frac{dx}{\sin x} = \int \frac{-dt}{\sqrt{1 - t^2}\sqrt{1 - t^2}} = \int \frac{1}{t^2 - 1}\, dt$$

Aquesta integral racional l'hem resolta al problema 4.11, on hem trobat

$$\int \frac{1}{x^2 - 1}\, dx = \ln \sqrt{\left|\frac{x - 1}{x + 1}\right|} + C$$

Utilitzant aquest resultat obtenim

$$\int \frac{dx}{\sin x} = \int \frac{1}{t^2 - 1}\, dt = \ln \sqrt{\left|\frac{t-1}{t+1}\right|} + C$$

Desfem el canvi.

$$\int \frac{dx}{\sin x} = \ln \sqrt{\left|\frac{\cos x - 1}{\cos x + 1}\right|} + C$$

**Problema 4.21** Calcula la integral $\int \dfrac{1}{x\sqrt{16 + x^2}}\, dx$.

**Solució** En aquest cas haurem d'aplicar el canvi $x = 4\tan t \Rightarrow dx = \frac{4\,dt}{\cos t}$. Amb aquest canvi tindrem també

$$16 + x^2 = 16(1 + \tan^2 t) = \frac{16}{\cos^2 t}, \qquad \sqrt{16 + x^2} = \frac{4}{\cos t}$$

Amb la qual cosa

$$\int \frac{1}{x\sqrt{16 + x^2}}\, dx = \int \frac{1}{4\tan t\, \frac{4}{\cos t}}\, \frac{4\,dt}{\cos t} = \frac{1}{4}\int \frac{dt}{\tan t \cdot \cos t} = \frac{1}{4}\int \frac{1}{\sin t}\, dt$$

Observem que ara hauríem d'aplicar un altre cavi de variable. En aquest cas no cal, perquè hem calculat la integral en el problema 4.20. Tenim

$$\int \frac{dx}{\sin x} = \ln \sqrt{\left|\frac{\cos x - 1}{\cos x + 1}\right|} + C$$

Per tant,

$$\int \frac{1}{x\sqrt{16 + x^2}}\, dx = \frac{1}{4}\int \frac{1}{\sin t}\, dt = \frac{1}{4}\ln \sqrt{\left|\frac{\cos t - 1}{\cos t + 1}\right|} + C = \ln \sqrt[8]{\left|\frac{\cos t - 1}{\cos t + 1}\right|} + C$$

Per desfer el canvi hem de tenir en compte $\sqrt{16 + x^2} = \frac{4}{\cos t}$ i, per tant, $\cos t = \frac{4}{\sqrt{16 + x^2}}$. Obtindrem

$$\int \frac{1}{x\sqrt{16 + x^2}}\, dx = \ln \sqrt[8]{\left|\frac{\frac{4}{\sqrt{x^2+16}} - 1}{\frac{4}{\sqrt{x^2+16}} + 1}\right|} + C = \ln \sqrt[8]{\frac{\sqrt{x^2 + 16} - 4}{\sqrt{x^2 + 16} + 4}} + C$$

## 4.2  Integrals definides

**Problema 4.22** Calcula l'àrea entre $x = 0$ i $x = \frac{\pi}{3}$ compresa entre les dues corbes $y = \sin 2x$ i $y = \cos x$.

**Solució** En el problema 1.27 hem estudiat els punts de tall entre les dues funcions. En la figura es veu l'àrea que se'ns demana calcular.

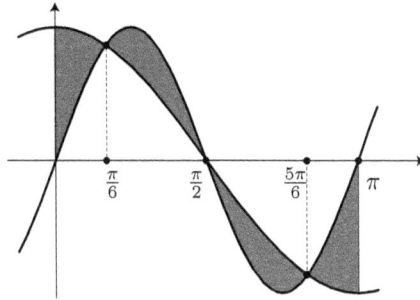

*Figura 4.1: Àrea compresa entre les dues funcions $y = \sin 2x$ i $y = \cos x$*

Hem de calcular, en l'interval $[0, \pi]$, la integral de la diferència entre la funció més gran i la més petita. Com que les funcions es creuen, haurem de descompondre la integral en suma. Els punts de tall són $x = \frac{\pi}{6}$, $x = \frac{\pi}{2}$ i $x = \frac{5\pi}{6}$.

D'acord amb la gràfica, l'àrea és

$$A = \int_0^{\frac{\pi}{6}} (\cos x - \sin 2x)dx + \int_{\frac{\pi}{6}}^{\frac{\pi}{2}} (\sin 2x - \cos x)dx + + \int_{\frac{\pi}{2}}^{\frac{5\pi}{6}} (\cos x - \sin 2x)dx + \int_{\frac{5\pi}{6}}^{\pi} (\sin 2x - \cos x)dx =$$

$$= \left[ \sin x + \frac{\cos 2x}{2} \right]_0^{\frac{\pi}{6}} + \left[ -\frac{\cos 2x}{2} - \sin x \right]_{\frac{\pi}{6}}^{\frac{\pi}{2}} + \left[ \sin x + \frac{\cos 2x}{2} \right]_{\frac{\pi}{2}}^{\frac{5\pi}{6}} + \left[ -\frac{\cos 2x}{2} - \sin x \right]_{\frac{5\pi}{6}}^{\pi} =$$

$$= -\sin 0 - \frac{\cos 0}{2} + 2\sin\frac{\pi}{6} + \cos\frac{\pi}{3} - \cos\pi - 2\sin\frac{\pi}{2} + \sin\frac{5\pi}{6} + \cos\frac{5\pi}{3} - \frac{\cos 2\pi}{2} - \sin\pi =$$

$$= -\frac{1}{2} + 2\frac{1}{2} + \frac{1}{2} + 1 - 2 + \frac{1}{2} + \frac{1}{2} - \frac{1}{2} = \frac{1}{2}$$

**Problema 4.23** Troba el volum engendrat al fer girar respecte de l'eix $x$ la regió del primer quadrant limitada per la corba d'equació $y = \frac{1}{\sqrt{x}}$ i les rectes $x = 1$ i $x = e$. Fes el mateix, però fent girar la corba respecte l'eix $y$.

**Solució** El volum d'un sòlid de revolució es calcula fent la integral de l'àrea del cercle obtingut al tallar per un pla perpendicular a l'eix de rotació. És a dir, si volem fer girar una corba d'equació $y = f(x)$ (positiva) respecte de l'eix $x$, engendrarem, en cada punt de l'eix $x$, un cercle de radi $y = f(x)$.

El volum ve donat, doncs, per la integral

$$V = \int_a^b \pi(f(x))^2 \, dx$$

En aquest cas, tenim $y = \frac{1}{\sqrt{x}}$ entre $x = 1$ i $x = e$.

$$\int_1^e \frac{\pi}{x}dx = [\pi \ln x]_1^e = \pi$$

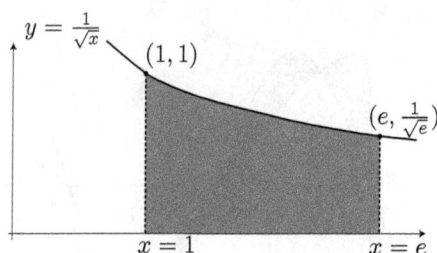

*Figura 4.2: Figura plana que genera el volum de revolució.*

En la figura hem representat la regió del primer quadrant determinada per $x = 1$, $x = e$ i la corba d'equació $y = \frac{1}{\sqrt{x}}$. Si aquesta mateixa regió la volem fer girar respecte de l'eix $y$, no tindrem cercles sinó corones circulars, amb els radis determinats per $x$ en funció de $y$.

En general, el volum engendrat al fer girar una regió limitada per les corbes $x = f(y)$ i $x = g(y)$ (positives) amb $f(y) \leq g(y)$, entre $y = c$ i $y = d$ es calcula

$$V = \int_c^d \pi((g(y))^2 - (f(y)^2)dx$$

En aquest cas, el radi petit és sempre $f(y) = 1$. El radi gran, $g(y)$, té dos valors diferents: si $0 \leq y \leq \frac{1}{\sqrt{e}}$, el radi és $g(y) = e$, i si $\frac{1}{\sqrt{e}} \leq y \leq 1$, el radi és $g(y) = \frac{1}{y^4}$.

$$V = \pi \left( \int_0^{\frac{1}{\sqrt{e}}} e^2 \, dy + \int_{\frac{1}{\sqrt{e}}}^1 \frac{1}{y^4} dy - \int_0^1 1 \, dy \right) = \pi(e^{3/2} + \left[ \frac{1}{-3y^3} \right]_{\frac{1}{\sqrt{e}}}^1 - 1) = \frac{4\pi}{3}(e^{3/2} - 1)$$

## 4.3   Integrals impròpies

**Problema 4.24** Calcula la integral impròpia $\displaystyle\int_0^{+\infty} \frac{dx}{x^2 + 3}$ i digues si és o no convergent.

**Solució** La integral és impròpia d'interval no acotat. Escrivim el límit corresponent

$$\int_0^{+\infty} \frac{dx}{x^2 + 3} = \lim_{a \to +\infty} \int_0^a \frac{dx}{x^2 + 3} = \lim_{a \to +\infty} \left[ \frac{1}{\sqrt{3}} \arctan \frac{x}{\sqrt{3}} \right]_0^a = \frac{1}{\sqrt{3}} \left( \frac{\pi}{2} - 0 \right) = \frac{\sqrt{3}}{6}$$

Com que el límit existeix i és finit, la integral és convergent. El seu valor és el valor trobat, $\frac{\sqrt{3}}{6}$.

**Problema 4.25** Calcula la integral impròpia $\displaystyle\int_0^{+\infty} \frac{dx}{x^2 + 2x + 4}$ i digues si és o no convergent.

**Solució** La integral és impròpia d'interval no acotat. Escrivim el límit corresponent

$$\int_0^\infty \frac{dx}{x^2 + 2x + 4} = \lim_{z \to +\infty} \int_0^z \frac{dx}{x^2 + 2x + 4}$$

Calculem primer

$$\int \frac{dx}{x^2 + 2x + 4}$$

Les arrels del denominador $x^2 + 2x + 4$ són $x = \frac{-2 \pm \sqrt{4-16}}{2} = -1 \pm \sqrt{3}\mathrm{j}$. Podem escriure $x^2 + 2x + 4 = (x+1)^2 + 3$ i tindrem

$$\int \frac{dx}{x^2 + 2x + 4} = \int \frac{dx}{(x+1)^2 + 3} = \frac{1}{\sqrt{3}} \arctan \frac{x+1}{\sqrt{3}} + K = \frac{\sqrt{3}}{3} \arctan \frac{\sqrt{3}(x+1)}{3} + K$$

Substituint en la integral definida, tindrem

$$\int_0^\infty \frac{dx}{x^2 + 2x + 4} = \lim_{z \to +\infty} \int_0^z \frac{dx}{x^2 + 2x + 4} = \lim_{z \to +\infty} \left[ \frac{\sqrt{3}}{3} \arctan \frac{\sqrt{3}(x+1)}{3} \right]_0^z =$$

$$= \lim_{z \to +\infty} \left( \frac{\sqrt{3}}{3} \arctan \frac{\sqrt{3}(z+1)}{3} - \frac{\sqrt{3}}{3} \arctan \frac{\sqrt{3}}{3} \right) = \frac{\sqrt{3}}{3} \left( \lim_{z \to +\infty} \arctan \frac{\sqrt{3}(z+1)}{3} - \frac{\pi}{6} \right) =$$

$$= \frac{\sqrt{3}}{3} \left( \frac{\pi}{2} - \frac{\pi}{6} \right) = \frac{\pi\sqrt{3}}{9}$$

Com que el límit existeix i és finit, la integral és convergent. El seu valor és el valor trobat, $\frac{\pi\sqrt{3}}{9}$.

**Problema 4.26** Calcula la integral impròpia $\displaystyle\int_0^{+\infty} xe^{-2x}\, dx$ i digues si és o no convergent. La integral $\displaystyle\int_{-\infty}^0 xe^{-2x}\, dx$ és convergent?

**Solució** La integral és impròpia d'interval no acotat. Escrivim el límit corresponent

$$\int_0^{+\infty} xe^{-2x}\, dx = \lim_{a \to +\infty} \int_0^a xe^{-2x}\, dx$$

Per calcular-la, primer haurem de calcular la integral indefinida corresponent. Al problema 4.9 hem trobat

$$\int xe^{-2x}\, dx = - \left( \frac{x}{2} + \frac{1}{4} \right) e^{-2x} + C$$

Utilitzant aquest resultat,

$$\int_0^{+\infty} xe^{-2x}\, dx = \lim_{a \to +\infty} \int_0^a xe^{-2x}\, dx = \lim_{a \to +\infty} \left[ -\left( \frac{x}{2} + \frac{1}{4} \right) e^{-2x} \right]_0^a$$

Calculem el límit per substitució.

$$\int_0^{+\infty} xe^{-2x}\, dx = \frac{1}{4} - \lim_{a \to +\infty} \left( \frac{a}{2} + \frac{1}{4} \right) e^{-2a} = \frac{1}{4} - \lim_{a \to +\infty} \frac{a}{2} e^{-2a}$$

Trobem

$$\lim_{a \to +\infty} \frac{a}{2} e^{-2a} = \infty \cdot 0$$

que és indeterminat. Aplicant el criteri de l'Hôpital,

$$\lim_{a \to +\infty} \frac{a}{2} e^{-2a} = \lim_{a \to +\infty} \frac{a}{2e^{2a}} = \lim_{a \to +\infty} \frac{1}{4e^{2a}} = 0$$

Per tant,

$$\int_0^{+\infty} xe^{-2x}\, dx = \frac{1}{4}$$

Com que el límit existeix i és finit, la integral és convergent. El seu valor és el valor trobat, $\frac{1}{4}$.

**Problema 4.27** Calcula, si és possible, o justifica que no es pot, $\displaystyle\int_0^{+\infty} (x+2)e^{-x}\, dx$.

**Solució** La integral és impròpia d'interval no acotat. Per calcular-la, primer haurem de calcular la integral indefinida

$$\int (x+2)e^{-x}\, dx$$

Pel mètode d'integració per parts, amb

$$u = x + 2 \Rightarrow du = dx$$
$$dv = e^{-x}\, dx \Rightarrow v = -e^{-x}$$

La integral es calcula

$$\int (x+2)e^{-x}\, dx = -(x+2)e^{-x} + \int e^{-x}\, dx = -(x+3)e^{-x} + C$$

Escrivim els límits corresponents a la integral impròpia

$$\int_0^{+\infty} (x+2)e^{-x}\, dx = \lim_{z \to +\infty} \left[-(x+3)e^{-x}\right]_0^z = \lim_{z \to +\infty} (3 - (z+3)e^{-z}) = 3 - \infty \cdot 0$$

Hem vist que, per substitució, arribem a una indeterminació. Aplicant el criteri de l'Hôpital,

$$\int_0^{+\infty} (x+2)e^{-x}\, dx = 3 - \lim_{z \to +\infty} \frac{z+3}{e^z} = 3 - \lim_{z \to +\infty} \frac{1}{e^z} = 3$$

La integral és, per tant, convergent.

No cal calular la integral $\displaystyle\int_{-\infty}^0 xe^{-2x}\, dx$ per saber que no és convergent, perquè

$$\lim_{x \to -\infty} xe^{-2x} = -\infty$$

Sabem, però, que si la integral fos convergent aquest límit hauria de valer 0 (observem que es tracta del límit de la funció).

**Problema 4.28** Calcula, si és possible, o justifica que no es pot, $\displaystyle\int_1^{\infty} xe^{-x}\, dx$.

**Solució** La integral és impròpia d'interval no acotat. Escrivim el límit corresponent

$$\int_1^{\infty} xe^{-x}\, dx = \lim_{z \to +\infty} \int_1^z xe^{-x}\, dx$$

Calculem

$$\int xe^{-x}\,dx$$

pel mètode d'integració per parts, amb

$$u = x \Rightarrow du = dx$$
$$dv = e^{-x}dx \Rightarrow v = -e^{-x}$$

Tindrem doncs

$$\int xe^{-x}\,dx = -xe^{-x} + \int e^{-x}\,dx = -xe^{-x} - e^{-x} + K = -(x+1)e^{-x} + K = -\frac{x+1}{e^x} + K$$

Substituint en la integral definida, tindrem

$$\int_1^\infty xe^{-x}\,dx = \lim_{z\to+\infty} \int_1^z xe^{-x}\,dx = \lim_{z\to+\infty} \left[\frac{-(x+1)}{e^x}\right]_1^z =$$

$$= \lim_{z\to+\infty}\left(-\frac{z+1}{e^z} + \frac{2}{e}\right) = \frac{2}{e} - \lim_{z\to+\infty}\frac{z+1}{e^z}$$

Hem de calcular el límit $\lim_{z\to+\infty} \dfrac{z+1}{e^z} = \dfrac{\infty}{\infty}$. Ho podem fer utilitzant el mètode de l'Hôpital.

$$\lim_{z\to+\infty}\frac{z+1}{e^z} = \lim_{z\to+\infty}\frac{1}{e^z} = 0$$

La integral és convergent i el seu valor és

$$\int xe^{-x}\,dx = \frac{2}{e} - \lim_{z\to+\infty}\frac{z+1}{e^z} = \frac{2}{e}$$

**Problema 4.29** Calcula, si és possible, o justifica que no es pot, $\int_0^{+\infty} \dfrac{dx}{e^x + 1}$.

**Solució** La integral és impròpia d'interval no acotat. Escrivim el límit corresponent

$$\int_0^{+\infty} \frac{dx}{e^x + 1} = \lim_{z\to+\infty} \int_0^z \frac{dx}{e^x + 1}$$

Calculem la integral

$$\int \frac{dx}{e^x + 1}$$

fent el canvi de variable $t = e^x$ que es deriva $\frac{dt}{t} = dx$. Tindrem doncs

$$\int \frac{1}{e^x + 1}\,dx = \int \frac{1}{t(t+1)}\,dt$$

Descomponem el trencat en fraccions simples.

$$\frac{1}{t(t+1)} = \frac{A}{t} + \frac{B}{t+1} = \frac{A(t+1)}{t(t+1)} + \frac{Bt}{t(t+1)}$$

Per tant, $1 = A(t+1) + Bt$. Fent $t = 0$ i $t = -1$ trobem $A = 1$ i $B = -1$. El trencat descompon

$$\frac{1}{t(t+1)} = \frac{1}{t} - \frac{1}{t+1}$$

Ara ja podem calcular la integral i després desfer el canvi $t = e^x$.

$$\int \frac{1}{e^x + 1}\, dx = \int \frac{1}{t(t+1)}\, dt = \int \frac{1}{t}\, dt - \int \frac{1}{t+1}\, dt = \ln|t| - \ln|t+1| + K = \ln\frac{e^x}{e^x + 1} + K$$

Substituint en la integral definida, tindrem

$$\int_0^{+\infty} \frac{1}{e^x + 1}\, dx = \lim_{z \to +\infty} \int_0^z \frac{1}{e^x + 1}\, dx = \lim_{z \to +\infty} \left[\ln\frac{e^x}{e^x + 1}\right]_0^z =$$

$$= \lim_{z \to +\infty} \left(\ln\frac{e^z}{e^z + 1} - \ln\frac{e^0}{e^0 + 1}\right) = \lim_{z \to +\infty} \left(\ln\frac{e^z}{e^z + 1} - \ln\frac{1}{2}\right) =$$

$$= \ln 2 + \lim_{z \to +\infty} \ln\frac{e^z}{e^z + 1} = \ln 2 + \ln 1 = \ln 2$$

**Problema 4.30** Calcula $\displaystyle\int_{-\pi/3}^{+\infty} e^{-2x} \sin x\, dx$.

En el problema 4.10 hem trobat

$$\int e^{-2x} \sin x\, dx = \frac{-e^{-2x}}{5}(\cos x + 2\sin x) + C$$

Utilitzem aquest resultat per escriure els límits corresponents a la integral impròpia.

$$\int_{-\pi/3}^{+\infty} e^{-2x} \sin x\, dx = \lim_{z \to +\infty} \int_{-\pi/3}^z e^{-2x} \sin x\, dx = \lim_{z \to +\infty} \left[\frac{-e^{-2x}}{5}(\cos x + 2\sin x)\right]_{-\pi/3}^z$$

$$= \lim_{z \to +\infty} \left(\frac{-e^{-2z}}{5}(\cos z + 2\sin z) + \frac{e^{-2\pi/3}}{5}\left(\cos\frac{\pi}{3} + 2\sin\frac{\pi}{3}\right)\right) = \frac{e^{-2\pi/3}(1 + 2\sqrt{3})}{10}.$$

**Nota** El límit del primer sumand dóna 0 ja que és el producte d'una funció acotada, $\cos z + 2\sin z$, per una altra que tendeix a 0, $e^{-2z}$.

**Problema 4.31** Calcula, si és possible, o justifica que no es pot, $\displaystyle\int_1^2 \ln(x - 1)\, dx$.

**Solució** La integral és impròpia de funció no acotada, perquè

$$\lim_{x \to 1^+} \ln(x - 1) = -\infty$$

Escrivim el límit corresponent

$$\int_1^2 \ln(x - 1)\, dx = \lim_{z \to 1^+} \int_z^2 \ln(x - 1)\, dx$$

Calculem

$$\int \ln(x-1)\,dx$$

pel mètode d'integració per parts, amb

$$u = \ln(x-1) \Rightarrow du = \tfrac{dx}{x-1}$$
$$dv = dx \Rightarrow v = x$$

Tindrem doncs

$$\int \ln(x-1)\,dx = x\ln(x-1) - \int \frac{x}{x-1}\,dx = x\ln(x-1) - \int \left(1 + \frac{1}{x-1}\right)\,dx =$$

$$= x\ln(x-1) - x - \ln(x-1) + K = (x-1)\ln(x-1) - x + K$$

Substituint en la integral definida, tindrem

$$\int_1^2 \ln(x-1)\,dx = \lim_{z \to 1^+} \int_z^2 \ln(x-1)\,dx = \lim_{z \to 1^+} \left[(x-1)\ln(x-1) - x\right]_z^2 =$$

$$= 1\ln 1 - 2 - \lim_{z \to 1^+} ((z-1)\ln(z-1) - z) = -2 + 1 - \lim_{z \to 1^+} (z-1)\ln(z-1)$$

Hem de calcular el límit $\lim_{z \to 1^+} (z-1)\ln(z-1) = 0 \cdot (-\infty)$. Ho podem fer utilitzant el mètode de l'Hôpital.

$$\lim_{z \to 1^+} (z-1)\ln(z-1) = \lim_{z \to 1^+} \frac{\ln(z-1)}{1/(z-1)} = \lim_{z \to 1^+} \frac{1/(z-1)}{-1/(z-1)^2} = \lim_{z \to 1^+} -(z-1) = 0$$

La integral és convergent i el seu valor és

$$\int \ln(x-1)\,dx = -1 - \lim_{z \to 1^+} (z-1)\ln(z-1) = -1$$

**Problema 4.32** Calcula, si és possible, o justifica que no es pot, $\int_0^2 \ln x\,dx$.

**Solució** La integral és impròpia de funció no acotada, ja que $\lim_{x \to 0^+} \ln x = -\infty$. Escrivim el límit corresponent

$$\int_0^2 \ln x\,dx = \lim_{z \to 0^+} \int_z^2 \ln x\,dx$$

Calculem

$$\int \ln x\,dx$$

pel mètode d'integració per parts, amb

$$u = \ln x \Rightarrow du = \tfrac{dx}{x}$$
$$dv = dx \Rightarrow v = x$$

Tindrem doncs

$$\int \ln x\,dx = x\ln x - \int x\frac{1}{x}\,dx = x\ln x - \int dx = x\ln x - x + K$$

Substituint en la integral definida, tindrem

$$\int_0^2 \ln x \, dx = \lim_{z \to 0^+} \int_z^2 \ln x \, dx = \lim_{z \to 0^+} [x \ln x - x]_z^2 =$$

$$= 2 \ln 2 - 2 - \lim_{z \to 0^+} (z \ln z - z) = 2 \ln 2 - 2 - \lim_{z \to 0^+} z \ln z$$

Hem de calcular el límit $\lim_{z \to 0^+} z \ln z = 0 \cdot (-\infty)$. Ho podem fer utilitzant el mètode de l'Hôpital

$$\lim_{z \to 0^+} z \ln z = \lim_{z \to 0^+} \frac{\ln z}{1/z} = \lim_{z \to 0^+} \frac{1/z}{-1/z^2} = \lim_{z \to 0^+} -z = 0$$

La integral és convergent i el seu valor és

$$\int_0^2 \ln x \, dx = 2 \ln 2 - 2 - \lim_{z \to 0^+} z \ln z = 2 \ln 2 - 2 = 2(\ln 2 - 1)$$

**Problema 4.33** Calcula la integral impròpia $\int_2^4 \frac{dx}{x^2 - 4}$

**Solució** La integral és impròpia de funció no acotada, perquè

$$\lim_{x \to 2^+} \frac{1}{x^2 - 4} = +\infty$$

Escrivim el límit corresponent

$$\int_2^4 \frac{dx}{x^2 - 4} = \lim_{z \to 2^+} \int_z^4 \frac{dx}{x^2 - 4}$$

La integral indefinida

$$\int \frac{dx}{x^2 - 4}$$

es calcula descomponent en fraccions simples. Fent els càlculs surt

$$\frac{1}{x^2 - 4} = \frac{A}{x - 2} + \frac{B}{x + 2} \Rightarrow A = 1/4, \, B = -1/4$$

La integral és, doncs,

$$\int \frac{1}{x^2 - 4} \, dx = \int \left( \frac{1/4}{x - 2} - \frac{1/4}{x + 2} \right) dx = \ln \sqrt[4]{\frac{x - 2}{x + 2}} + K$$

Substituint a la integral definida

$$\int_2^4 \frac{dx}{x^2 - 4} = \lim_{z \to 2^+} \int_z^4 \frac{dx}{x^2 - 4} = \lim_{z \to 2^+} \left[ \ln \sqrt[4]{\frac{x - 2}{x + 2}} \right]_z^4 =$$

$$= \lim_{z \to 2^+} \left( \ln \sqrt[4]{\frac{1}{3}} - \ln \sqrt[4]{\frac{z - 2}{z + 2}} \right) = \ln \sqrt[4]{\frac{1}{3}} - \lim_{z \to 2^+} \ln \sqrt[4]{\frac{z - 2}{z + 2}}$$

Com que $\lim\limits_{z\to 2^+} \dfrac{z-2}{z+2} = 0$, aleshores $\lim\limits_{z\to 2^+} \ln \sqrt[4]{\dfrac{z-2}{z+2}} = -\infty$. Per tant, la integral

$$\int_2^4 \frac{dx}{x^2-4} = +\infty$$

i diem que no es pot calcular o que és divergent.

**Problema 4.34** Calcula les integrals impròpies $\displaystyle\int_1^2 \frac{dx}{(2-x)^2}$ i $\displaystyle\int_1^2 \frac{dx}{(2-x)^{\frac{1}{2}}}$

**Solució** La integral $\displaystyle\int_1^2 \frac{dx}{(2-x)^2}$ és impròpia de funció no acotada, perquè

$$\lim_{x\to 2^-} \frac{1}{(2-x)^2} = +\infty$$

Escrivim el límit corresponent

$$\int_1^2 \frac{dx}{(2-x)^2} = \lim_{z\to 2^-} \int_1^z \frac{dx}{(2-x)^2} = \lim_{z\to 2^-} \left[\frac{-1}{x-2}\right]_1^z = \lim_{z\to 2^-} \left(\frac{-1}{z-2} - 1\right) = -1 + \lim_{z\to 2^-} \frac{1}{z-2} = +\infty$$

En aquest cas la integral és divergent.

La integral $\displaystyle\int_1^2 \frac{dx}{(2-x)^{\frac{1}{2}}}$ és impròpia de funció no acotada, perquè

$$\lim_{x\to 2^-} \frac{1}{(2-x)^{\frac{1}{2}}} = +\infty$$

Escrivim el límit corresponent

$$\int_1^2 \frac{dx}{(2-x)^{\frac{1}{2}}} = \lim_{z\to 2^-} \int_1^z \frac{dx}{(2-x)^{\frac{1}{2}}} = \lim_{z\to 2^-} \left[-2(2-x)^{\frac{1}{2}}\right]_1^z = \lim_{z\to 2^-} \left(-2(2-z)^{\frac{1}{2}} + 2\right) = 2$$

En aquest cas la integral és convergent.

# 5 Introducció a les funcions de dues variables

Aquest capítol és una introducció a les funcions reals de diverses variables.

Les funcions reals de dues variables reals es representen per superfícies de l'espai, igual que les funcions d'una variable es representen per corbes del pla. A través d'aquesta representació es pot estudiar el seu creixement i decreixement mitjançant la generalització de la derivada. Així, es calcula, en un punt de la superfície, el gradient, les derivades direccionals i el pla tangent.

La representació en forma implícita d'una superfície dóna una expressió sovint més senzilla del pla tangent en un punt.

## 5.1  Estudi de superfícies

**Problema 5.1** Sigui la funció $f$ de dues variables definida per $f(x,y) = \dfrac{x^2 - x^2 y^3}{x^2 + y^2}$ per a $(x,y) \neq (0,0)$.

1. Calcula les derivades parcials de $f$.

   **Solució** La funció és un quocient de dos polinomis. Derivem respecte de $x$ i de $y$:

   $$\frac{\partial f}{\partial x} = (1 - y^3)\frac{2x(x^2 + y^2) - x^2 2x}{(x^2 + y^2)^2} = (1 - y^3)\frac{2xy^2}{(x^2 + y^2)^2}$$

   $$\frac{\partial f}{\partial y} = x^2 \frac{-3y^2(x^2 + y^2) - (1 - y^3)2y}{(x^2 + y^2)^2} = x^2 \frac{-3y^2 x^2 - 2y - y^4}{(x^2 + y^2)^2}$$

2. Troba l'equació del pla tangent a la superfície $z = f(x,y)$ en el punt $(-1, 1)$.

   **Solució** L'equació del pla tangent és

   $$z = f(-1,1) + \frac{\partial f}{\partial x}(-1,1)(x + 1) + \frac{\partial f}{\partial y}(-1,1)(y - 1)$$

   La funció en $(-1,1)$ val $f(-1,1) = \dfrac{(-1)^2 - (-1)^2 \cdot 1^3}{(-1)^2 + 1^2} = 0$. Substituint el punt $(-1,1)$ en les derivades parcials que hem calculat a l'apartat anterior,

   $$\frac{\partial f}{\partial x}(-1,1) = (1 - 1^3)\frac{2\cdot(-1)\cdot 1^2}{((-1)^2 + 1^2)^2} = 0$$

   $$\frac{\partial f}{\partial y}(-1,1) = (-1)^2 \frac{-3\cdot 1^2 \cdot (-1)^2 - 2\cdot 1 - 1^4}{((-1)^2 + 1^2)^2} = \frac{-6}{4} = \frac{-3}{2}$$

Així l'equació del pla tangent és

$$z = -\frac{3}{2}(y-1) \Leftrightarrow 3y + 2z - 3 = 0$$

3. Indica quina és la direcció de màxim creixement de la funció en el punt $(-1, 1)$.

**Solució** La direcció de màxim creixement de $f$ ens la dóna el vector gradient, que és el vector de derivades parcials.

$$\vec{\nabla} f(-1, 1) = \left( \frac{\partial f}{\partial x}(-1, 1), \frac{\partial f}{\partial y}(-1, 1) \right) = \left( 0, \frac{-3}{2} \right)$$

Si volem el vector unitari, hem de dividir-lo pel mòdul. La direcció de màxim creixement de $f$ en el punt $(-1, 1)$ també es pot donar com la direcció del vector $(0, -1)$.

4. Calcula la derivada direccional de la funció en la direcció $(-3, 4)$ en el punt $(-1, 1)$.

**Solució** Ens demanen $D_v f(-1, 1)$ on el vector $v$ és el vector unitari en la direcció del vector $(3, 4)$, és a dir,

$$v = \frac{(-3, 4)}{||(-3, 4)||}$$

Com que $||(-3, 4)|| = 5$, aleshores $v = \left( \frac{-3}{5}, \frac{4}{5} \right)$.

Si les derivades parcials existeixen i són contínues en $(a, b)$, tenim $D_v f(a, b) = \vec{\nabla} f(a, b) \cdot v$. Així doncs,

$$D_v f(-1, 1) = \vec{\nabla} f(-1, 1) \cdot v = \left( 0, \frac{-3}{2} \right) \cdot \left( \frac{-3}{5}, \frac{4}{5} \right) = \frac{-12}{10} = \frac{-6}{5}$$

**Problema 5.2** Donada la funció $f(x, y) = e^{-(x^2 + y^2)}$, es demana:

1. Calcula les derivades parcials de $f$.

**Solució**

$$\frac{\partial f}{\partial x} = -2x e^{-(x^2 + y^2)}$$

$$\frac{\partial f}{\partial y} = -2y e^{-(x^2 + y^2)}$$

2. Indica quina és la direcció de màxim creixement en el punt $(1, 1)$. Quina és la direcció de creixement 0 en el punt $(1, 1)$?

**Solució** La direcció de màxim creixement en un punt és la direcció del vector gradient, és a dir, el vector de derivades parcials.

$$\vec{\nabla} f(1, 1) = \left( \frac{\partial f}{\partial x}(1, 1), \frac{\partial f}{\partial y}(1, 1) \right) = (-2e^{-2}, -2e^{-2}) = \left( \frac{-2}{e^2}, \frac{-2}{e^2} \right)$$

Per donar un vector unitari hem de dividir pel mòdul. Tindrem que la direcció de màxim creixement de $f$ en $(1, 1)$ es pot donar també com la direcció de $u = \frac{v}{||v||}$, on $v = \left( \frac{-2}{e^2}, \frac{-2}{e^2} \right)$.

Calculant, $||v|| = \frac{2\sqrt{2}}{e^2}$ i, per tant,

$$u = \left( \frac{-2}{e^2} \cdot \frac{e^2}{2\sqrt{2}}, \frac{-2}{e^2} \cdot \frac{e^2}{2\sqrt{2}} \right) = \left( -\frac{\sqrt{2}}{2}, -\frac{\sqrt{2}}{2} \right)$$

La direcció de creixement 0 és la direcció tangent a les corbes de nivell i és perpendicular al gradient. Per tant, la direcció de creixement zero és la direcció del vector $\left(\frac{\sqrt{2}}{2}, -\frac{\sqrt{2}}{2}\right)$ o també la del vector $-\left(\frac{\sqrt{2}}{2}, \frac{\sqrt{2}}{2}\right)$.

3. Calcula $f(1,1)$. Quins són els punts en què $f$ pren el mateix valor? Fes un dibuix.

   **Solució.** La funció en $(1,1)$ val $f(1,1) = e^{-(1^2+1^2)} = e^{-2} = \frac{1}{e^2}$. Ens demanen la corba de nivell d'altura $e^{-2}$, és a dir els punts del pla d'equació $f(x,y) = e^{-2}$. Com que $f(x,y) = e^{-(x^2+y^2)}$, tindrem que la corba buscada és

$$e^{-(x^2+y^2)} = e^{-2} \Leftrightarrow x^2 + y^2 = 2$$

Es tracta de la circumferència de centre l'origen i radi $\sqrt{2}$ que es representa a continuació.

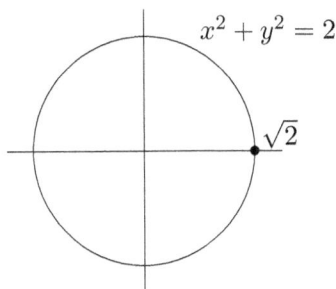

*Figura 5.1: La corba de nivell de la superfície $z = e^{-(x^2+y^2)}$ d'altura $e^{-2}$.*

4. Troba l'equació del pla tangent a la superfície $z = f(x,y)$ en el punt $(1,1)$.

   **Solució** L'equació del pla tangent és

$$z = f(1,1) + \frac{\partial f}{\partial x}(1,1)(x-1) + \frac{\partial f}{\partial y}(1,1)(y-1)$$

Com hem vist en l'apartat anterior, la funció en $(1,1)$ val $f(1,1) = e^{-2}$. Les derivades parcials en el punt $(1,1)$ valen:

$$\frac{\partial f}{\partial x}(1,1) = \frac{-2}{e^2}, \quad \frac{\partial f}{\partial y}(1,1) = \frac{-2}{e^2}$$

Així, l'equació del pla tangent és

$$z = \frac{1}{e^2} - \frac{2}{e^2}(x-1) - \frac{2}{e^2}(y-1) \Leftrightarrow 2x + 2y + e^2 z = 5$$

**Problema 5.3** Considerem la funció $f(x,y) = \ln \sqrt{x^2 + y^2}$, definida per a $(x,y) \neq (0,0)$.

1. Calcula les derivades parcials de $f$.

   **Solució**

$$\frac{\partial f}{\partial x} = \frac{1}{\sqrt{x^2+y^2}} \frac{1}{2}\left(x^2+y^2\right)^{-1/2} 2x = \frac{x}{x^2+y^2}$$

$$\frac{\partial f}{\partial y} = \frac{1}{\sqrt{x^2+y^2}} \frac{1}{2}\left(x^2+y^2\right)^{-1/2} 2y = \frac{y}{x^2+y^2}$$

2. Troba el pla tangent a la superfície $z = \ln \sqrt{x^2 + y^2}$ en el punt $(0, e)$.

**Solució** L'equació del pla tangent és

$$z = \ln \sqrt{0 + e^2} + \frac{\partial f}{\partial x}(0, e)(x - 0) + \frac{\partial f}{\partial y}(0, e)(y - e)$$

Fent $(x, y) = (0, e)$ en les derivades parcials calculades a l'apartat anterior, tenim

$$\frac{\partial f}{\partial x}(0, e) = 0, \qquad \frac{\partial f}{\partial y}(0, e) = \frac{1}{e}$$

L'equació del pla tangent és, doncs,

$$z = 1 + 0(x - 0) + \frac{1}{e}(y - e) \Leftrightarrow y - ez = 0$$

3. Determina la direcció de màxim creixement de la funció en el punt $(0, e)$.

**Solució** La direcció de màxim creixement de la funció en un punt ve donada pel vector gradient, que podem escriure sense cap càlcul, a partir dels resultats dels apartats anteriors.

$$\vec{\nabla} f(0, e) = \left( \frac{\partial f}{\partial x}(0, e), \frac{\partial f}{\partial y}(0, e) \right) = \left( 0, \frac{1}{e} \right)$$

4. Calcula la direcció tangent a les corbes de nivell en el punt $(0, e)$.

**Solució** La direcció tangent a les corbes de nivell és perpendicular a la del gradient. Qualsevol direcció de la forma $(a, 0)$ serà perpendicular al gradient.

5. Quin és el valor de la derivada direccional segons la direcció $\theta = \frac{3\pi}{4}$ en el punt $(0, e)$?

**Solució** Ens demanen

$$D_v f(0, e) = \vec{\nabla} f(0, e) \cdot v$$

amb

$$v = \left( \cos \frac{3\pi}{4}, \sin \frac{3\pi}{4} \right) = \left( -\frac{\sqrt{2}}{2}, \frac{\sqrt{2}}{2} \right)$$

Per tant,

$$D_v(0, e) = \left( 0, \frac{1}{e} \right) \cdot \left( -\frac{\sqrt{2}}{2}, \frac{\sqrt{2}}{2} \right) = \frac{\sqrt{2}}{2e}$$

**Problema 5.4** Sigui la funció $f$ de dues variables definida per $f(x, y) = \dfrac{e^{x^2 + y^2} - 1}{x^2 + y^2}$, en els punts $(x, y) \neq (0, 0)$.

1. Calcula les derivades parcials de $f(x, y)$.

**Solució**

$$\frac{\partial f}{\partial x} = \frac{2xe^{x^2+y^2}(x^2 + y^2) - 2x(e^{x^2+y^2} - 1)}{(x^2 + y^2)^2} = \frac{2xe^{x^2+y^2}(x^2 + y^2 - 1) + 2x}{(x^2 + y^2)^2}$$

$$\frac{\partial f}{\partial y} = \frac{2ye^{x^2+y^2}(x^2 + y^2) - 2y(e^{x^2+y^2} - 1)}{(x^2 + y^2)^2} = \frac{2ye^{x^2+y^2}(x^2 + y^2 - 1) + 2y}{(x^2 + y^2)^2}$$

2. En el punt $(1,0)$, calcula la direcció de màxim creixement.

   **Solució.** La direcció de màxim creixement de $f$ en un punt ve donada pel vector gradient. En $(1,0)$,

   $$\frac{\partial f}{\partial x}(1,0) = \frac{2 \cdot 1 \cdot e^{1^2+0^2}(1^2+0^2-1)+2 \cdot 1}{(1^2+0^2)^2} = 2$$

   $$\frac{\partial f}{\partial y} = \frac{2 \cdot 0 \cdot e^{0^2+1^2}(0^2+1^2-1)+2 \cdot 0}{(0^2+1^2)^2} = 0$$

   i el vector gradient s'escriu

   $$\vec{\nabla} f(1,0) = (2,0)$$

   Si volem un vector unitari, la direcció de màxim creixement en el punt $(1,0)$ es pot donar com la direcció del vector $(1,0)$.

3. Dóna la direcció tangent a la corba de nivell en el punt esmentat.

   **Solució** La direcció tangent a la corba de nivell en el punt $(1,0)$ és perpendicular al vector gradient. Per tant, és la direcció de qualsevol dels vectors $(0,1)$ o bé $(0,-1)$.

4. Dóna l'equació del pla tangent a la superfície pel punt $(1,0)$.

   **Solució** El pla tangent en $(1,0)$ té equació

   $$z = f(1,0) + \frac{\partial f}{\partial x}(1,0) \cdot (x-1) + \frac{\partial f}{\partial y}(1,0) \cdot y$$

   La funció en $(1,0)$ val $f(1,0) = e - 1$. Dels apartats anteriors, sabem que $\frac{\partial f}{\partial x}(1,0) = 2$ i $\frac{\partial f}{\partial y}(1,0) = 0$. L'equació és

   $$z = e - 1 + 2(x-1) \Leftrightarrow 2x - z = 3 - e$$

**Problema 5.5** Considerem la superfície definida per $z = \dfrac{xy}{\sqrt{x^2+y^2}}$ en els punts $(x,y) \neq (0,0)$.

1. Calcula les derivades parcials de $f$.

   **Solució**

   $$\frac{\partial f}{\partial x} = \frac{y\sqrt{x^2+y^2} - xy\frac{x}{\sqrt{x^2+y^2}}}{x^2+y^2} = \frac{y(x2+y^2)-x^2y}{(x^2+y^2)\sqrt{x^2+y^2}}$$

   Simplificant i per simetria,

   $$\frac{\partial f}{\partial x} = \frac{y^3}{(x^2+y2)^{3/2}}, \quad \frac{\partial f}{\partial y} = \frac{x^3}{(x^2+y2)^{3/2}}$$

2. Quina és la direcció de màxim decreixement en el punt $(1, \sqrt{3})$?

   **Solució** La direcció de màxim creixement ve donada pel gradient de la funció. Per tant, la direcció de màxim decreixement és el gradient canviat de signe.

   $$-\vec{\nabla} f(1, \sqrt{3}) = \left(-\frac{(\sqrt{3})^3}{4^{3/2}}, -\frac{1}{4^{3/2}}\right) = \left(\frac{-3\sqrt{3}}{8}, \frac{-1}{8}\right)$$

3. Dóna l'equació del pla tangent a la superfície en el punt $(1, \sqrt{3})$.

   **Solució** L'equació del pla tangent en $(1, \sqrt{3})$ és

   $$z = f(1, \sqrt{3}) + \frac{\partial f}{\partial x}(1, \sqrt{3})(x - 1) + \frac{\partial f}{\partial y}(1, \sqrt{3})(y - \sqrt{3})$$

   El valor de la funció en $(1, \sqrt{3})$ és $f(1, \sqrt{3}) = \frac{\sqrt{3}}{2}$. Les derivades parcials en el mateix punt valen $\frac{\partial f}{\partial x}(1, \sqrt{3}) = \frac{3\sqrt{3}}{8}$ i $\frac{\partial f}{\partial y}(1, \sqrt{3}) = \frac{1}{8}$. Tenim, doncs, el pla d'equació

   $$z = \frac{\sqrt{3}}{2} + \frac{3\sqrt{3}}{8}(x - 1) + \frac{1}{8}(y - \sqrt{3})$$

   que és equivalent a

   $$3\sqrt{3}x + y - 8z = 0$$

4. Calcula el pendent en $(1, \sqrt{3})$ segons la direcció del vector $(\sqrt{3}, 1)$.

   **Solució** Escrivim $u = (\sqrt{3}, 1)$. El problema demana $D_v f(1, \sqrt{3})$, amb $v = \frac{u}{\|u\|} = (\frac{\sqrt{3}}{2}, \frac{1}{2})$.

   $$D_v f(1, \sqrt{3}) = \vec{\nabla} f(1, \sqrt{3}) \cdot v = (\frac{3\sqrt{3}}{8}, \frac{1}{8}) \cdot (\frac{\sqrt{3}}{2}, \frac{1}{2}) = \frac{5}{8}$$

5. Dóna l'equació de la corba de nivell i la direcció tangent a la corba de nivell, en el punt $(1, \sqrt{3})$.

   **Solució** La direcció tangent a la corba de nivell és la direcció perpendicular al gradient, $(-1, 3\sqrt{3})$ o bé $(1, -3\sqrt{3})$.

   L'equació de la corba de nivell en el punt $(1, \sqrt{3})$ és $f(1, \sqrt{3}) = f(x, y)$, és a dir,

   $$\frac{\sqrt{3}}{2} = \frac{xy}{\sqrt{x^2 + y^2}}$$

**Problema 5.6** Sigui la funció $f$ de dues variables definida per $f(x, y) = \dfrac{x^2}{x^2 + y^2}$ en els punts $(x, y) \neq (0, 0)$.

1. Calcula les derivades parcials de $f$.

   **Solució**
   $$\frac{\partial f}{\partial x} = \frac{2x(x^2 + y^2) - x^2 2x}{(x^2 + y^2)^2} = \frac{2xy^2}{(x^2 + y^2)^2}$$

   $$\frac{\partial f}{\partial y} = x^2 \frac{-2y}{(x^2 + y^2)^2} = \frac{-2x^2 y}{(x^2 + y^2)^2}$$

2. Troba l'equació del pla tangent a la superfície en el punt $(1, -1)$.

   **Solució** L'equació del pla tangent és

   $$z = f(1, -1) + \frac{\partial f}{\partial x}(1, -1)(x - 1) + \frac{\partial f}{\partial y}(1, -1)(y + 1)$$

La funció en $(1,-1)$ val $f(1,-1) = \frac{1^2}{1^2+(-1)^2} = \frac{1}{2}$. Substituint el punt $(1,-1)$ en les derivades parcials calculades a l'apartat anterior s'obté

$$\frac{\partial f}{\partial x}(1,-1) = \frac{2\cdot 1 \cdot (-1)^2}{(1^2+(-1)^2)^2} = \frac{2}{4} = \frac{1}{2}, \quad \frac{\partial f}{\partial y}(1,-1) = \frac{-2\cdot 1^2 \cdot (-1)}{(1^2+(-1)^2)^2} = \frac{2}{4} = \frac{1}{2}$$

Així, l'equació del pla tangent és

$$z = \frac{1}{2} + \frac{1}{2}(x-1) + \frac{1}{2}(y+1) \Leftrightarrow x+y-2z+1 = 0$$

3. En el punt $(1,-1)$, calcula la direcció i raó de màxim decreixement.

   **Solució** La direcció de màxim creixement de $f$ ens la dóna el vector gradient, que és el vector de derivades parcials. La raó de màxim creixement de $f$ ens la dóna el mòdul del vector gradient.

   $$\vec{\nabla} f(1,-1) = \left( \frac{\partial f}{\partial x}(1,-1), \frac{\partial f}{\partial y}(1,-1) \right) = \left( \frac{1}{2}, \frac{1}{2} \right)$$

   $$\|\vec{\nabla} f(1,-1)\| = \sqrt{\left(\frac{1}{2}\right)^2 + \left(\frac{1}{2}\right)^2} = \sqrt{\frac{1}{2}} = \frac{\sqrt{2}}{2}$$

   Podem donar la direcció de màxim creixement de $f$ amb un vector unitari, dividint el gradient pel seu mòdul.

   $$\frac{\vec{\nabla} f(1,-1)}{\|\vec{\nabla} f(1,-1)\|} = \frac{\left(\frac{1}{2}, \frac{1}{2}\right)}{\frac{\sqrt{2}}{2}} = \left( \frac{\sqrt{2}}{2}, \frac{\sqrt{2}}{2} \right)$$

4. Dóna l'equació de la corba de nivell en el punt $(1,-1)$. Dibuixa-la. Què és?.

   **Solució** La corba de nivell en el punt $(1,-1)$ és el conjunt de punts que tenen la mateixa imatge per $f$ que el punt $(1,-1)$, és a dir, la corba de nivell d'altura $f(1,-1)$. Com que $f(x,y) = \frac{x^2}{x^2+y^2}$ i $f(1,-1) = \frac{1}{2}$, la corba buscada és

   $$\frac{x^2}{x^2+y^2} = \frac{1}{2} \Leftrightarrow 2x^2 = x^2+y^2 \Leftrightarrow x^2 - y^2 = 0 \Leftrightarrow x^2 = y^2$$

   Es tracta del parell de rectes $y = x$ i $y = -x$.

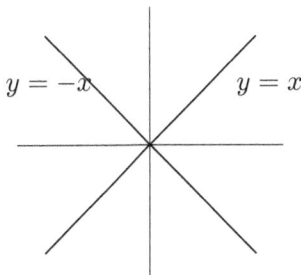

*Figura 5.2: El parell de rectes $x^2 = y^2$.*

**Problema 5.7** Donada la funció $f(x, y) = \sqrt{1 + y^2 x}$, calcula:

1. Les derivades parcials de $f$.

   **Solució**

   $$\frac{\partial f}{\partial x} = \frac{y^2}{2\sqrt{1 + y^2 x}}, \qquad \frac{\partial f}{\partial y} = \frac{xy}{\sqrt{1 + y^2 x}}$$

2. El gradient de $f$ en el punt $(2, -2)$.

   **Solució** Fent $(x, y) = (2, -2)$ en les derivades parcials de l'apartat anterior podem escriure el vector gradient:

   $$\vec{\nabla} f(2, -2) = \left( \frac{\partial f}{\partial x}(2, -2), \frac{\partial f}{\partial y}(2, -2) \right) = \left( \frac{2}{3}, \frac{-4}{3} \right)$$

3. La derivada direccional de $f$ en el punt $(2, -2)$, segons la direcció del vector $(1, 1)$.

   **Solució** La direcció del vector $(1, 1)$ ve donada pel vector unitari

   $$v = \left( \frac{\sqrt{2}}{2}, \frac{\sqrt{2}}{2} \right)$$

   Per tant,

   $$D_v f(2, -2) = \vec{\nabla} f(2, -2) \cdot v = \left( \frac{2}{3}, \frac{-4}{3} \right) \cdot \left( \frac{\sqrt{2}}{2}, \frac{\sqrt{2}}{2} \right) = -\frac{\sqrt{2}}{3}$$

4. La derivada direccional de $f$ en el punt $(2, -2)$, segons la direcció del gradient.

   **Solució** Ens demanen el mòdul del vector gradient

   $$\|\vec{\nabla} f(2, -2)\| = \sqrt{\frac{4}{9} + \frac{16}{9}} = \frac{\sqrt{20}}{\sqrt{9}} = \frac{2\sqrt{5}}{3}$$

5. El pla tangent a la superfície $z = f(x, y)$ en el punt $(2, -2)$.

   **Solució** L'equació del pla tangent és

   $$z = f(2, -2) + \frac{\partial f}{\partial x}(2, -2)(x - 2) + \frac{\partial f}{\partial y}(2, -2)(y + 2)$$

   La funció n el punt $(2, -2)$ val $f(2, -2) = 3$. Les derivades parcials, que ja hem calculat en apartats anteriors, valen

   $$\frac{\partial f}{\partial x}(2, -2) = \frac{2}{3}, \qquad \frac{\partial f}{\partial y}(2, -2) = \frac{-4}{3}$$

   L'equació del pla tangent és

   $$z = 3 + \frac{2}{3}(x - 2) - \frac{4}{3}(y + 2) \Leftrightarrow 2x - 4y - 3z = 3$$

**Problema 5.8** Considerem la funció $f(x, y) = \cos \frac{x}{y}$.

1. Calcula les derivades parcials de $f$.

   **Solució**

   $$\frac{\partial f}{\partial x} = -\frac{1}{y}\sin\frac{x}{y}, \qquad \frac{\partial f}{\partial y} = \frac{x}{y^2}\sin\frac{x}{y}$$

2. Calcula el pla tangent a la superfície $z = f(x,y)$ en el punt $(\pi, 3)$.

   **Solució** L'equació del pla tangent en $(\pi, 3)$ és

   $$z = f(\pi, 3) + \frac{\partial f}{\partial x}(\pi, 3)(x - \pi) + \frac{\partial f}{\partial y}(\pi, 3)(y - 3)$$

   Fem $(x, y) = (\pi, 3)$ en la funció i les derivades parcials:

   $$f(\pi, 3) = \cos\frac{\pi}{3} = \tfrac{1}{2}$$
   $$\tfrac{\partial f}{\partial x}(\pi, 3) = -\tfrac{1}{3}\sin\tfrac{\pi}{3} = -\tfrac{\sqrt{3}}{6}$$
   $$\tfrac{\partial f}{\partial y}(\pi, 3) = \tfrac{\pi}{3^2}\sin\tfrac{\pi}{3} = \tfrac{\pi\sqrt{3}}{18}$$

   El pla tangent és el pla d'equació

   $$z = \frac{1}{2} - \frac{\sqrt{3}}{6}(x - \pi) + \frac{\pi\sqrt{3}}{18}(y - 3)$$

   que equival a

   $$3\sqrt{3}x - \pi\sqrt{3}y + 18z = 9$$

3. Calcula el pendent sobre la superfície, segons la direcció del vector $(1, 1)$, en el punt $(\pi, 3)$.

   **Solució** Hem de calcular la derivada direccional de $f$ en $(\pi, 3)$ segons el vector

   $$v = \frac{(1, 1)}{\|(1, 1)\|} = \left(\frac{\sqrt{2}}{2}, \frac{\sqrt{2}}{2}\right)$$

   La derivada direccional es calcula fent el producte escalar del gradient pel vector

   $$D_v f(\pi, 3) = \vec{\nabla} f(\pi, 3) \cdot v = \left(-\frac{\sqrt{3}}{6}, \frac{\pi\sqrt{3}}{18}\right) \cdot \left(\frac{\sqrt{2}}{2}, \frac{\sqrt{2}}{2}\right) = \frac{(\pi - 3)\sqrt{6}}{36}$$

**Problema 5.9** Considerem la funció $f(x, y) = ye^{\sin xy}$.

1. Calcula les derivades parcials de $f$.

   **Solució**

   $$\frac{\partial f}{\partial x} = y^2 \cos xy \, e^{\sin xy}$$

   $$\frac{\partial f}{\partial y} = e^{\sin xy} + xy \cos xy \, e^{\sin xy} = (1 + xy \cos xy)e^{\sin xy}$$

2. Calcula el pla tangent a la superfície d'equació $z = f(x,y)$ en el punt $\left(\frac{\pi}{2}, \frac{1}{3}\right)$.

**Solució** L'equació del pla tangent és

$$z = f\left(\frac{\pi}{2}, \frac{1}{3}\right) + \frac{\partial f}{\partial x}\left(\frac{\pi}{2}, \frac{1}{3}\right)\left(x - \frac{\pi}{2}\right) + \frac{\partial f}{\partial y}\left(\frac{\pi}{2}, \frac{1}{3}\right)\left(y - \frac{1}{3}\right)$$

Calculem els valors de la funció i les derivades parcials en $\left(\frac{\pi}{2}, \frac{1}{3}\right)$

$$f\left(\frac{\pi}{2}, \frac{1}{3}\right) = \frac{1}{3}e^{\sin\frac{\pi}{6}} = \frac{\sqrt{e}}{3}$$

$$\frac{\partial f}{\partial x}\left(\frac{\pi}{2}, \frac{1}{3}\right) = \frac{1}{3^2}\cos\frac{\pi}{6}\, e^{\sin\frac{\pi}{6}} = \frac{\sqrt{3e}}{18}$$

$$\frac{\partial f}{\partial y}\left(\frac{\pi}{2}, \frac{1}{3}\right) = (1 + \frac{\pi}{6}\cos\frac{\pi}{6})e^{\sin\frac{\pi}{6}} = \frac{12+\sqrt{3}}{12}\sqrt{e}$$

Substituint en l'equació del pla tangent trobem

$$z = \frac{\sqrt{e}}{3} + \frac{\sqrt{3e}}{18}\left(x - \frac{\pi}{2}\right) + \frac{12+\sqrt{3}}{12}\sqrt{e}\left(y - \frac{1}{3}\right)$$

que equival a

$$2\sqrt{3e}x + (36 + 3\sqrt{3e})y - 36z = \sqrt{3} - \pi\sqrt{3e}$$

3. Quina és la direcció de màxim creixement en el mateix punt?

**Solució** La direcció de màxim creixement ve donada pel gradient. Els càlculs ja els hem fet als apartats anteriors.

$$\vec{\nabla}f\left(\frac{\pi}{2}, \frac{1}{3}\right) = \left(\frac{\partial f}{\partial x}\left(\frac{\pi}{2}, \frac{1}{3}\right), \frac{\partial f}{\partial y}\left(\frac{\pi}{2}, \frac{1}{3}\right)\right) = \left(\frac{\sqrt{3e}}{18}, \frac{12+\sqrt{3}}{12}\sqrt{e}\right)$$

**Problema 5.10** Considerem la funció $f(x,y) = e^{-3x}\arctan(xy)$.

1. Calcula les derivades parcials de $f$.

**Solució**

$$\frac{\partial f}{\partial x}(x,y) = -3e^{-3x}\arctan(xy) + \frac{ye^{-3x}}{1+(xy)^2}$$

$$\frac{\partial f}{\partial y}(x,y) = \frac{xe^{-3x}}{1+(xy)^2}$$

2. Calcula el pla tangent a la superfície $z = f(x,y)$ en el punt $\left(\frac{1}{3}, 3\right)$.

**Solució** L'equació del pla tangent és

$$z = f\left(\frac{1}{3}, 3\right) + \frac{\partial f}{\partial x}\left(\frac{1}{3}, 3\right)\left(x - \frac{1}{3}\right) + \frac{\partial f}{\partial y}\left(\frac{1}{3}, 3\right)(y - 3)$$

Calculem els valors de la funció i les derivades parcials en $\left(\frac{1}{3}, 3\right)$:

$$f\left(\frac{1}{3}, 3\right) = e^{-1}\arctan 1 = \frac{\pi}{4e}$$

$$\frac{\partial f}{\partial x}\left(\frac{1}{3}, 3\right) = -3e^{-1}\arctan 1 + \frac{3e^{-1}}{2} = \frac{3}{e}\left(\frac{1}{2} - \frac{\pi}{4}\right) = \frac{3(2-\pi)}{4e}$$

$$\frac{\partial f}{\partial y}\left(\frac{1}{3}, 3\right) = \frac{\frac{1}{3}e^{-1}}{2} = \frac{1}{6e}$$

Substituint en l'equació del pla tangent trobem

$$z = \frac{\pi}{4e} + \frac{3(2-\pi)}{4e}\left(x - \frac{1}{3}\right) + \frac{1}{6e}(y - 3)$$

que equival a

$$12ez = 3\pi + 9(2-\pi)\left(x - \frac{1}{3}\right) + 2y - 6 \Leftrightarrow (9\pi - 18)x - 2y + 12ez = 6\pi - 12$$

3. Quin és el pendent de la superície $z = f(x, y)$ en $\left(\frac{1}{3}, 3\right)$ segons la direcció del vector $(1, 2)$?

**Solució** Les derivades direccionals ens donen el gradient

$$\vec{\nabla}f\left(\frac{1}{3}, 3\right) = \left(\frac{3(2-\pi)}{4e}, \frac{1}{6e}\right)$$

El pendent en la direcció del vector $(1, 2)$ és la derivada direccional en la direcció del vector $(1, 2)$ normalitzat,

$$u = \frac{(1, 2)}{\|(1, 2)\|} = \left(\frac{\sqrt{5}}{5}, \frac{2\sqrt{5}}{5}\right)$$

Calculem la derivada direccional com el producte escalar del gradient pel vector $u$,

$$D_u\left(\frac{1}{3}, 3\right) = \vec{\nabla}f\left(\frac{1}{3}, 3\right) \cdot u = \left(\frac{3(2-\pi)}{4e}, \frac{1}{6e}\right) \cdot \left(\frac{\sqrt{5}}{5}, \frac{2\sqrt{5}}{5}\right) =$$

$$= \frac{\sqrt{5}}{5e}\left(\frac{3(2-\pi)}{4} + \frac{2}{6}\right) = \frac{\sqrt{5}}{5e}\frac{22 - 9\pi}{12} = \frac{(22 - 9\pi)\sqrt{5}}{60e}$$

## 5.2 Càlcul del pla tangent en forma implícita

**Problema 5.11** Calcula el pla tangent a la superfície definida implícitament per l'equació $xy + yz + zx = 1$ en el punt $(3, 2, -1)$.

**Solució** L'equació del pla tangent a la superfíicie (donada en forma implícita) $F(x, y, z) = 0$ en un punt $(a, b, c)$ que satisfà $F(a, b, c) = 0$ és

$$\frac{\partial F}{\partial x}(a, b, c)(x - a) + \frac{\partial F}{\partial y}(a, b, c)(y - b) + \frac{\partial F}{\partial z}(a, b, c)(z - c) = 0$$

En aquest cas, $F(x, y, z) = xy + yz + zx - 1$ i $(a, b, c) = (3, 2, -1)$. Per tant,

$$\frac{\partial F}{\partial x} = y + z$$
$$\frac{\partial F}{\partial y} = x + z$$
$$\frac{\partial F}{\partial z} = y + z$$

que substituint ens donen l'equació del pla tangent

$$1(x - 3) + 2(y - 2) + 5(z + 1) = 0 \Leftrightarrow x + 2y + 5z = 2$$

**Problema 5.12** Calcula el pla tangent a la superfície definida implícitament per l'equació $x^2 + y^2 + z^2 = 4$ en el punt $(1, 1, \sqrt{2})$.

**Solució** La superfície es defineix per $F(x, y, z) = x^2 + y^2 + z^2 - 4 = 0$. Calculem les derivades parcials

$$\frac{\partial F}{\partial x} = 2x$$

$$\frac{\partial F}{\partial y} = 2y$$

$$\frac{\partial F}{\partial z} = 2z$$

que substituint ens donen l'equació del pla tangent

$$2(x - 1) + 2(y - 1) + 2\sqrt{2}(z - \sqrt{2}) = 0 \Leftrightarrow x + y + \sqrt{2}z = 4$$

# 6 Integració de funcions de dues variables

Aquest capítol tracta sobre la integració de funcions de dues variables.

Es donen problemes de càlcul d'integrals dobles en coordenades cartesianes, en coordenades polars i de càlcul de volums utilitzant integrals dobles.

## 6.1 Integrals dobles en coordenades cartesianes

**Problema 6.1** Donada la integral $\int_0^2 \int_{\frac{y}{2}}^{\sqrt{5-y^2}} (x+y)\,dx\,dy$ es demana:

1. Inverteix l'ordre d'integració.

   **Solució** Per invertir l'ordre, ens anirà bé dibuixar el recinte.

   Els límits d'integració ens indiquen

   $$0 \le y \le 2$$
   $$\frac{y}{2} \le x \le \sqrt{5-y^2}$$

És a dir, hem de dibuixar les rectes $y=0$, $y=2$, $y=2x$, i la corba d'equació $x=\sqrt{5-y^2}$, que és, de fet, la semicircumferència d'equació $x^2+y^2=5$, en el semiplà $x \ge 0$.

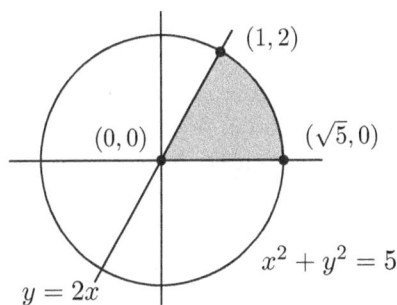

Figura 6.1: El recinte d'integració de la integral $\int_0^2 \int_{\frac{y}{2}}^{\sqrt{5-y^2}} (x+y)\,dx\,dy$

Segons el dibuix, el recinte està limitat per $x = 0$ i $x = \sqrt{5}$, i es pot descriure per les desigualtats:

$$0 \leq x \leq 1 \qquad 1 \leq x \leq \sqrt{5}$$
$$0 \leq y \leq 2x \qquad 0 \leq y \leq \sqrt{5 - x^2}$$

Per tant,

$$\int_0^2 \int_{\frac{y}{2}}^{\sqrt{5-y^2}} (x + y)\, dx\, dy = \int_0^1 \int_0^{2x} (x + y)\, dy\, dx + \int_1^{\sqrt{5}} \int_0^{\sqrt{5-x^2}} (x + y)\, dy\, dx$$

2. Calcula la integral en un dels dos ordres possibles.

**Solució**

$$\int_0^2 \int_{\frac{y}{2}}^{\sqrt{5-y^2}} (x+y)dx\, dy = \int_0^2 \left[ \left( \frac{x^2}{2} + xy \right) \right]_{\frac{y}{2}}^{\sqrt{5-y^2}} dy = \int_0^2 \left( \frac{5}{2} - \frac{9y^2}{8} + y\sqrt{5 - y^2} \right) dy =$$

$$= \left[ \frac{5y}{2} - \frac{3y^3}{8} - \frac{1}{3}\sqrt{(5 - y^2)^3} \right]_0^2 = \frac{5\sqrt{5}}{3} + 5 - 3 - \frac{1}{3} = \frac{5\sqrt{5} + 5}{3}$$

**Problema 6.2** Calcula la integral de la funció $f(x, y) = 1 - y$ en la regió limitada per $x + 1 = y^2$ i $x + y = 1$, que compleix $y \geq 0$.

**Solució**

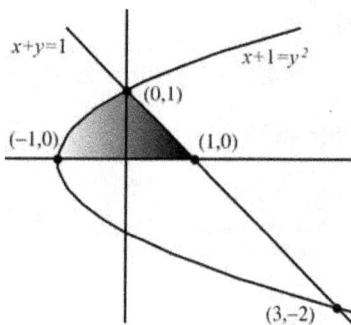

Figura 6.2: La regió limitada per $x + 1 = y^2$ i $x + y = 1$, que compleix $y \geq 0$

Per escriure la integral hem donar les desigualtats que descriuen el recinte. En aquest cas, podem recórrer el recinte fent variar $y$ entre 0 i 1. Per a cada valor de $y$, la $x$ variarà entre la paràbola i la recta. És a dir, aïllant el valor de $x$ de la paràbola, $x = 1 - y^2$, i de la recta, $x = 1 - y$, tindrem les desigualtats

$$0 \leq y \leq 1$$
$$1 - y^2 \leq x \leq 1 - y$$

Podem escriure i calcular la integral doble:

$$\int_0^1 \int_{y^2-1}^{1-y} (1-y)\, dx\, dy = \int_0^1 [x - yx]_{y^2-1}^{1-y}\, dy = \int_0^1 (2 - 3y + y^3)\, dy = \left[ 2y - \frac{3y^2}{2} + \frac{y^4}{4} \right]_0^1 = 2 - \frac{3}{2} + \frac{1}{4} = \frac{3}{4}$$

Plantejada amb l'altre ordre d'integració, hauríem de recórrer el recinte fixant primer la variació de la $x$: entre $-1$ i $1$. La variació de la $y$ no es pot escriure d'una sola manera. Si $x$ està entre $-1$ i $0$, aleshores $y$ varia entre la recta $y = 0$ i la paràbola. Si $x$ està entre $0$ i $1$, aleshores $y$ varia entre la recta $y = 0$ i la recta $x + y = 1$.

$$-1 \leq x \leq 0 \qquad 0 \leq x \leq 1$$
$$0 \leq y \leq \sqrt{x+1} \qquad 0 \leq y \leq 1-x$$

La integral es descompondrà en suma de dues i, si es calcula, donarà el mateix resultat que hem trobat abans.

$$\int_{-1}^{0} \int_{0}^{\sqrt{1+x}} (1-y)\, dy\, dx + \int_{0}^{1} \int_{0}^{1-x} (1-y)\, dy\, dx$$

**Problema 6.3** Calcula la integral de la funció $f(x,y) = 1-y$ en la regió limitada per $x+1 = y^2$ i $x + y = 1$, que compleix $x \geq 0$.

**Solució** Observem primer que aquest problema és com el problema 6.2, amb una petita variació en el recinte.

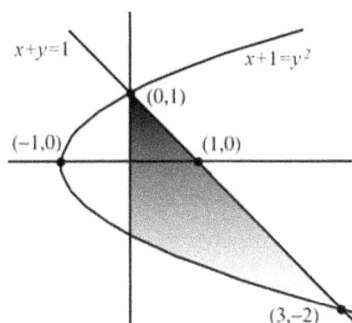

*Figura 6.3: La regió limitada per $x + 1 = y^2$ i $x + y = 1$, que compleix $x \geq 0$*

Per descriure el recinte, tindrem en compte que la $x$ varia entre $0$ i $3$. Per cada valor de $x$, la $y$ varia entre la branca inferior de paràbola i la recta $x + y = 1$. Recordem que la paràbola $x+1 = y^2$ es pot escriure com la unió de les funcions $y = \sqrt{x+1}$ i $y = -\sqrt{x+1}$, que corresponen a cadascuna de les seves branques. Les desigualtats que defineixen el recinte d'integració són

$$0 \leq x \leq 3$$
$$-\sqrt{x+1} \leq y \leq 1-x$$

Per tant, la integral s'escriu i es calcula

$$\int_{0}^{3} \int_{-\sqrt{x+1}}^{1-x} (1-y)\, dy\, dx = \int_{0}^{3} \left[ y - \frac{y^2}{2} \right]_{-\sqrt{x+1}}^{1-x} dx = \int_{0}^{3} \left( 1 - x - \frac{(1-x)^2}{2} + \sqrt{x+1} + \frac{x+1}{2} \right) dx =$$

$$= \int_{0}^{3} \left( 1 - \frac{x^2}{2} + \sqrt{x+1} + \frac{x}{2} \right) dx = \left[ x + \frac{x^2}{4} - \frac{x^3}{6} + \frac{2}{3}(x+1)^{3/2} \right]_{0}^{3} =$$

$$= 3 + \frac{9}{4} - \frac{27}{6} + \frac{16}{3} - \frac{2}{3} = \frac{65}{12}$$

Com en el problema 6.2, si volem integrar en l'ordre invers, la integral s'ha de descompondre en suma de dues

$$\int_{-2}^{-1} \int_{y^2-1}^{1-y} (1-y)\, dx\, dy + \int_{-1}^{1} \int_{0}^{1-y} (1-y)\, dx\, dy$$

**Problema 6.4** Dibuixa el recinte i canvia l'ordre d'integració en la integral

$$\int_{0}^{2} \int_{\sqrt{2y}}^{2+\sqrt{4-y^2}} f(x,y)\, dx\, dy$$

**Solució** Els límits de la integral ens indiquen que el recinte d'integració és el recinte limitat per les desigualtats

$$0 \le y \le 2 \quad \text{i} \quad \sqrt{2y} \le x \le 2 + \sqrt{4-y^2}$$

Hem de dibuixar les corbes $y = 0$, $y = 2$, $x = \sqrt{2y}$, i $x = 2 + \sqrt{4-y^2}$.

- L'equació $x = \sqrt{2y}$ és equivalent a $y = \frac{x^2}{2}$. És a dir, és l'equació d'una paràbola amb l'eix vertical i el vèrtex a l'origen.

- L'equació $x = 2 + \sqrt{4-y^2}$ és equivalent a $(x-2)^2 + y^2 = 4$. És a dir, és l'equació de la circumferència de centre $(2,0)$ i radi 2. També es pot escriure $x^2 - 4x + y^2 = 0$.

- Les altres equacions corresponen a rectes: $y = 0$ és l'eix $X$, $y = 2$ és la recta paral·lela a l'eix $X$ pel punt $(0,2)$.

Calculem la intersecció de la paràbola $y = \frac{x^2}{2}$ amb la circumferència $(x-2)^2 + y^2 = 4$. Substituint tindrem

$$(x-2)^2 + \left(\frac{x^2}{2}\right)^2 = 4 \Rightarrow x^4 + 4x^2 - 16x = 0 \Rightarrow x = 0 \text{ o bé } x^3 + 4x - 16 = 0$$

Descomponem el polinomi $x^3 + 4x - 16 = (x-2)(x^2 + 2x + 8)$. Les arrels de $x^2 + 2x + 8$ són complexes. Les solucions són, doncs, $x = 0$ i $x = 2$. Els punts d'intersecció són, doncs, $(0,0)$ i $(2,2)$.

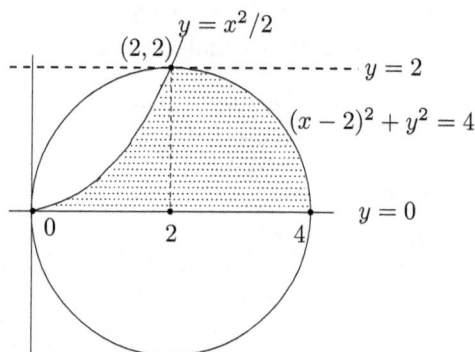

*Figura 6.4: El recinte d'integració de la integral $\int_0^2 \int_{\sqrt{2y}}^{2+\sqrt{4-y^2}} f(x,y)\, dx\, dy$*

Per canviar l'ordre d'integració, observem que, en el recinte, la variable $x$ es mou entre 0 i 4. Si fixem $x$, el recorregut de la variable $y$ és el següent:

- Si $0 \leq x \leq 2$, aleshores $0 \leq y \leq \frac{x^2}{2}$ (entre l'eix $X$ i la paràbola).

- Si $2 \leq x \leq 4$, aleshores $0 \leq y \leq \sqrt{4x - x^2}$ (entre l'eix $X$ i la circumferència $(x-2)^2 + y^2 = 4$).

La integral s'escriurà

$$\int_0^2 \int_{\sqrt{2y}}^{2+\sqrt{4-y^2}} f(x,y)\, dx\, dy = \int_0^2 \int_0^{\frac{x^2}{2}} f(x,y)\, dy\, dx + \int_2^4 \int_0^{\sqrt{4x-x^2}} f(x,y)\, dy\, dx$$

**Problema 6.5** Dibuixa el recinte i canvia l'ordre d'integració

$$\int_0^{\frac{8}{5}} \int_{\sqrt{1-(y-1)^2}}^{\frac{y}{2}} f(x,y)\, dx\, dy$$

**Solució** El recinte d'integració és el recinte limitat per les desigualtats

$$0 \leq y \leq \frac{8}{5} \quad \text{i} \quad \sqrt{1-(y-1)^2} \leq x \leq \frac{y}{2}$$

Hem de dibuixar les corbes $y = 0$, $y = \frac{8}{5}$, $x = \sqrt{1-(y-1)^2}$, i $x = \frac{y}{2}$.

- L'equació $x = \sqrt{1-(y-1)^2}$ és equivalent a $x^2 + (y-1)^2 = 1$, és a dir, és l'equació de la circumferència de centre $(0,1)$ i radi 1. També es pot escriure $x^2 + y^2 - 2y = 0$.

- Les altres equacions corresponen a rectes: $y = 0$ és l'eix $X$, $y = \frac{8}{5}$ és la recta paral·lela a l'eix $X$ pel punt $\left(0, \frac{8}{5}\right)$.

Calculem la intersecció de la recta $x = \frac{y}{2}$ amb la circumferència $x^2 + (y-1)^2 = 1$. Substituint tindrem

$$\left(\frac{y}{2}\right)^2 + (y-1)^2 = 1 \Rightarrow \frac{5y^2}{4} - 2y = 0 \Rightarrow 5y^2 - 8y = 0 \Rightarrow y = \frac{8}{5} \text{ o bé } y = 0$$

Els punts d'intersecció són, doncs, $(0,0)$ i $\left(\frac{4}{5}, \frac{8}{5}\right)$, que és també de la recta $y = \frac{8}{5}$.

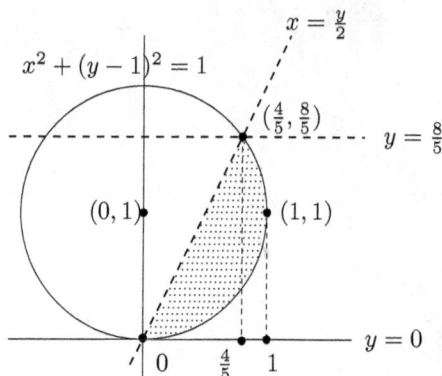

Figura 6.5: El recinte d'integració de la integral $\int_0^{\frac{8}{5}} \int_{\sqrt{1-(y-1)^2}}^{\frac{y}{2}} f(x,y)\,dx\,dy$

Per canviar l'ordre d'integració, observem que el valor màxim de la variable $x$ correspon al punt de la circumferència $x^2+y^2-2y=0$ amb $y=1$ i $x$ positiva. Substituint trobem $x^2+1^2-2\cdot 1=0$ i, per tant, $x=1$. Així veiem que la variable $x$ es mou entre 0 i 1. Si fixem $x$, el recorregut de la variable $y$ és el següent:

- Si $0 \le x \le \frac{4}{5}$, aleshores $0 \le y \le 2x$ (entre l'eix $X$ i la recta $x=\frac{y}{2}$).

- Si $\frac{4}{5} \le x \le 1$, aleshores $y$ recorre el segment interior a la circumferència. Podem trobar els límits inferior i superior aïllant $y$ de l'equació de la circumferència $x^2 + (y-1)^2 = 1 \Rightarrow$ $y = 1 \pm \sqrt{1-x^2}$. Per tant, $1 - \sqrt{1-x^2} \le y \le 1 + \sqrt{1-x^2}$.

La integral s'escriurà

$$\int_0^{\frac{8}{5}} \int_{\sqrt{1-(y-1)^2}}^{\frac{y}{2}} f(x,y)\,dx\,dy = \int_0^{\frac{4}{5}} \int_0^{2x} f(x,y)\,dy\,dx + \int_{\frac{4}{5}}^1 \int_{1-\sqrt{1-x^2}}^{1+\sqrt{1-x^2}} f(x,y)\,dy\,dx$$

**Problema 6.6** Inverteix l'ordre d'integració i calcula en un dels dos ordres:

$$\int_1^2 \int_{x^2}^{x+2} (x+xy)\,dy\,dx$$

**Solució** Per invertir l'ordre ens anirà bé dibuixar el recinte d'integració.

Els límits d'integració ens donen la descripció del recinte

$$1 \le x \le 2$$
$$x^2 \le y \le x+2$$

Hem de dibuixar, per tant, les rectes $x=1$, $x=2$ i $y=x+2$ i la paràbola $y=x^2$. Els punts d'intersecció de la paràbola amb la recta $y=x+2$ es poden trobar resolent el sistema

$$x+2 = x^2 \Rightarrow x^2 - x - 2 = 0 \Rightarrow x = \frac{1 \pm \sqrt{9}}{2} = 2, -1$$

Així, els punts de tall són $(2,4)$ i $(-1,1)$. A més, la recta $x = 1$ talla la paràbola en el punt $(1,1)$ i la recta $y = x + 2$ en el punt $(1,3)$.

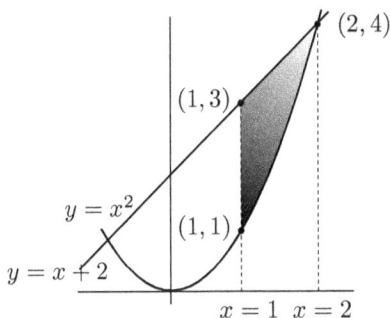

Figura 6.6: El recinte d'integració de la integral $\int_1^2 \int_{x^2}^{x+2} (x + xy)\, dy\, dx$

Per invertir l'ordre d'integració haurem de tenir en compte la variació de la $y$ entre 1 i 4. Dins d'aquest interval si $1 \le y \le 3$, la $x$ varia entre $x = 1$ i la paràbola, $x = \sqrt{y}$, i si $3 \le y \le 4$, la $x$ varia entre la recta $x = y - 2$ i la paràbola $x = \sqrt{y}$. La integral es descompon en suma de dues, així:

$$\int_1^2 \int_{x^2}^{x+2} (x + xy)\, dy\, dx = \int_1^3 \int_1^{\sqrt{y}} (x + xy)\, dx\, dy + \int_3^4 \int_{y-2}^{\sqrt{y}} (x + xy)\, dx\, dy$$

Calculem la integral

$$\int_1^2 \int_{x^2}^{x+2} (x + xy)\, dy\, dx = \int_1^2 \left[ xy + \frac{xy^2}{2} \right]_{x^2}^{x+2} dx =$$

$$= \int_1^2 \left( x(x+2) + \frac{x(x+2)^2}{2} - x^3 - \frac{x^5}{2} \right) dx = \int_1^2 \left( 3x^2 + 4x - \frac{x^3}{2} - \frac{x^5}{2} \right) dx =$$

$$= \left[ x^3 + 2x^2 - \frac{x^4}{8} - \frac{x^6}{12} \right]_1^2 = 8 + 8 - 2 - \frac{16}{3} - (1 + 2 - \frac{1}{8} - \frac{1}{12}) = 6 - \frac{1}{8} = \frac{47}{8}$$

## 6.2 Integrals dobles en coordenades polars

**Problema 6.7** Sigui $D$ la regió del primer quadrant interior a la circumferència $x^2 + y^2 = 4$, per sota de $y = 2x$.

1. Dibuixa la regió $D$.

   **Solució** Es tracta d'un sector circular. Només hem de dibuixar la circumferència i la recta donades i tenir en compte que es tracta dels punts del primer quadrant, que estan per sota de la recta.

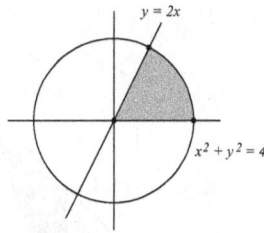

Figura 6.7: El recinte $D$ interior a $x^2 + y^2 = 4$, per sota de $y = 2x$, en el primer quadrant.

2. Escriu, en els dos ordres possibles, la integral $I = \iint_D \dfrac{1}{x}\, dx\, dy$.

**Solució** Busquem el punt de tall entre la circumferència i la recta, en el primer quadrant:

$$\left.\begin{array}{l} y = 2x \\ x^2 + y^2 = 4 \end{array}\right\} \Rightarrow x^2 + 4x^2 = 4 \Rightarrow x = \dfrac{2\sqrt{5}}{5}, \quad y = \dfrac{4\sqrt{5}}{5}$$

La descripció del recinte ve donada per les desigualtats

$$0 \le y \le \tfrac{4\sqrt{5}}{5}$$
$$\tfrac{y}{2} \le x \le \sqrt{4 - y^2}$$

en un ordre, o bé

$$0 \le x \le \tfrac{2\sqrt{5}}{5} \qquad \qquad \tfrac{2\sqrt{5}}{5} \le x \le 2$$
$$0 \le y \le 2x \qquad \qquad 0 \le y \le \sqrt{4 - x^2}$$

en l'altre. Ara ja podem escriure la integral en cartesianes.

$$I = \int_0^{\frac{4\sqrt{5}}{5}} \int_{\frac{y}{2}}^{\sqrt{4-y^2}} \frac{1}{x}\, dx\, dy = \int_0^{2\sqrt{5}/5} \int_0^{2x} \frac{1}{x}\, dy\, dx + \int_{2\sqrt{5}/5}^{2} \int_0^{\sqrt{4-x^2}} \frac{1}{x}\, dy\, dx$$

3. Escriu $I$ en coordenades polars.

**Solució** Per escriure la integral en polars hem de tenir en compte que la recta $y = 2x$ s'escriu, en polars, $\theta = \arctan 2$. A més, no ens hem d'oblidar de multiplicar la funció a integrar per $r$, el Jacobià del canvi de coordenades cartesianes a coordenades polars.

$$I = \int_0^{\arctan 2} \int_0^{2} \frac{r}{r \cos\theta}\, d\theta\, dr = \int_0^{\arctan 2} \int_0^{2} \frac{1}{\cos\theta}\, dr\, d\theta$$

4. Calcula $I$ en una de les tres formes trobades.

**Solució** Calculem la integral en polars

$$I = \int_0^{\arctan 2} \int_0^{2} \frac{1}{\cos\theta}\, dr\, d\theta = \int_0^{\arctan 2} \frac{1}{\cos\theta}\, [r]_0^2 \, d\theta = 2 \int_0^{\arctan 2} \frac{\cos\theta}{1 - \sin^2\theta}\, d\theta$$

Fem el canvi $t = \sin\theta$, que implica $dt = \cos\theta\, d\theta$. Els límits de la integral passen a ser

$$\theta = 0 \Rightarrow t = 0$$
$$\theta = \arctan 2 \Rightarrow t = \sin(\arctan 2) = \tfrac{2\sqrt{5}}{5}$$

La integral queda

$$I = \int_0^{\arctan 2} \int_0^2 \frac{1}{\cos\theta}\, dr\, d\theta = 2 \int_0^{\arctan 2} \frac{\cos\theta}{1 - \sin^2\theta}\, d\theta = 2 \int_0^{\frac{2\sqrt{5}}{5}} \frac{dt}{1 - t^2}$$

Descomponent en fraccions simples,

$$\int \frac{dt}{1 - t^2} = \int \left( \frac{1/2}{t+1} - \frac{1/2}{t-1} \right) dt = \frac{1}{2} \ln \left| \frac{t+1}{t-1} \right| + C$$

Tindrem $I = \displaystyle\int_0^{\arctan 2} \int_0^2 \frac{1}{\cos\theta}\, dr\, d\theta = \left[ \ln \left| \frac{t+1}{t-1} \right| \right]_0^{2\sqrt{5}/5} = \ln \frac{5 + 2\sqrt{5}}{5 - 2\sqrt{5}}$

**Problema 6.8** Calcula la integral de la funció $f(x,y) = y^2 x$ sobre el recinte $D$ interior a la regió del primer quadrant limitada per les corbes $y = x$, $x = 0$, $x^2 + y^2 = 1$ i $x^2 + y^2 = 4$.

**Solució** El recinte és un porció d'una corona circular. La integral és més senzilla en coordenades polars.

- Els límits en polars vénen donats per $r = 1$ i $r = 2$, les dues circumferències, i $\theta = \frac{\pi}{2}$ que correspon a la recta $x = 0$, i $\theta = \frac{\pi}{4}$ que correspon a la recta $y = x$.
- La funció $f(x,y) = y^2 x$ és, en polars, $f(r,\theta) = r^3 \sin^2\theta \cos\theta$.
- Hem d'integrar la funció $f(r,\theta) \cdot r$.

$$\iint_D y^2 x\, dx\, dy = \int_{\pi/4}^{\pi/2} \int_1^2 r^3 \sin^2\theta \cos\theta \cdot r\, dr\, d\theta = \int_{\pi/4}^{\pi/2} \left[ \frac{r^5}{5} \right]_1^2 \sin^2\theta \cos\theta\, d\theta =$$

$$= \frac{31}{5} \left[ \frac{\sin^3\theta}{3} \right]_{\pi/4}^{\pi/2} = \frac{31}{5} \left( \frac{1}{3} - \frac{\sqrt{2}}{12} \right)$$

**Problema 6.9** Sigui $D = \{(x,y) \in \mathbb{R}^2 \,|\, x^2 + y^2 - 2x \le 0,\ y \le x,\ y \ge 0\}$ i considerem la integral $I = \displaystyle\iint_D f(x,y)\, dx\, dy$.

1. Escriu $I$ en coordenades cartesianes en un dels dos ordres possibles.

   **Solució** Per escriure la integral ens pot anar bé dibuixar el recinte.

   - La primera desigualtat $x^2 + y^2 - 2x \le 0$ és equivalent a $(x-1)^2 + y^2 \le 1$, que ens diu que els punts de $D$ són interiors a la circumferència de centre $(1,0)$ i radi $1$.
   - La desigualtat $y \le x$ ens indica que $D$ conté punts per sota de la recta $y = x$, i $y \ge 0$ indica que ens trobem al semiplà superior.
   - La recta $y = x$ talla la circumferència $x^2 + y^2 - 2x = 0$ en els punts que compleixen $y = x$ i $2x^2 - 2x = 0$, és a dir, $(0,0)$ i $(1,1)$.

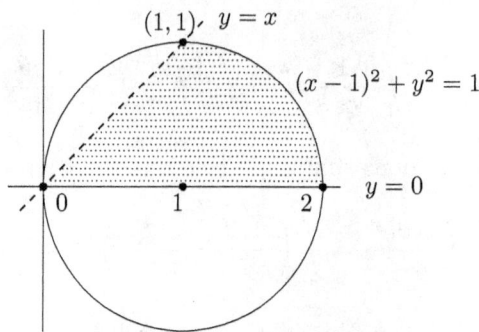

*Figura 6.8: Descripció en coordenades cartesianes de la regió interior a $x^2 + y^2 - 2x \leq 0$, per sota de $y = x$, en el semiplà superior.*

Per determinar els límits d'integració, observem que, en el recinte, la variable $y$ es mou entre 0 i 1. Si fixem $y$, el recorregut de la variable $x$ és $y \leq x \leq 1 + \sqrt{1 - y^2}$ (entre la recta $y = x$ i la meitat de la circumferència $x^2 + y^2 - 2x = 0$ corresponent a aïllar $x$, prenent l'arrel quadrada positiva).

La integral s'escriurà, per tant,

$$I = \int_0^1 \int_y^{1+\sqrt{1-y^2}} f(x,y)\, dx\, dy$$

**Observació** Si triem l'ordre d'integració invers, hem de descompondre la integral en suma de dues. El resultat seria

$$I = \int_0^1 \int_0^x f(x,y)\, dy\, dx + \int_1^2 \int_0^{\sqrt{2x-x^2}} f(x,y)\, dy\, dx$$

2. Calcula, en coordenades polars, $\displaystyle\iint_D \frac{xy}{x^2 + y^2}\, dx\, dy$.

**Solució** Les equacions que determinen els límits del recinte es poden escriure fàcilment en coordenades polars:

- $y = 0$ és equivalent a $\theta = 0$.
- $y = x$ és equivalent a $\theta = \frac{\pi}{4}$.
- $x^2 + y^2 - 2x = 0$ és equivalent a $r - 2\cos\theta = 0$.

Dibuixem el recinte, amb la descripció en polars.

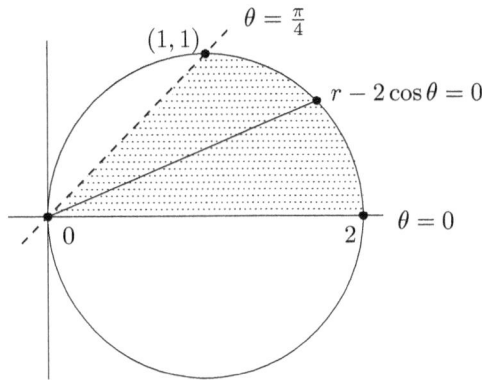

*Figura 6.9: Descripció en coordenades polars de la regió interior a $r - 2\cos\theta = 0$, entre els angles $\theta = 0$ i $\theta = \frac{\pi}{4}$.*

Per passar a polars, només hem de tenir en compte que

$$0 \le \theta \le \frac{\pi}{4}$$

A continuació, hem de veure, fixat $\theta$, quin és l'interval de variació del radi. Com que l'equació de la circumferència $x^2 + y^2 - 2x = 0$ és $r - 2\cos\theta = 0$, tindrem

$$0 \le r \le 2\cos\theta$$

A més, hem de recordar que la funció s'ha de mltiplicar per $r$.

La integral s'escriu i es calcula:

$$I = \int_0^1 \int_y^{1+\sqrt{1-y^2}} \frac{xy}{x^2+y^2}\, dx\, dy = \int_0^{\frac{\pi}{4}} \int_0^{2\cos\theta} \frac{r\cos\theta\, r\sin\theta}{r^2} r\, dr\, d\theta =$$

$$= \int_0^{\frac{\pi}{4}} \int_0^{2\cos\theta} r\cos\theta\sin\theta\, dr\, d\theta = \int_0^{\frac{\pi}{4}} \left[\cos\theta\sin\theta \frac{r^2}{2}\right]_0^{2\cos\theta} d\theta =$$

$$= \int_0^{\frac{\pi}{4}} 2\cos^3\theta\sin\theta\, d\theta = \left[\frac{-\cos^4\theta}{2}\right]_0^{\frac{\pi}{4}} = -\frac{(\sqrt{2}/2)^4}{2} + \frac{1}{2} = \frac{1}{2} - \frac{1}{8} = \frac{3}{8}$$

**Problema 6.10** Sigui $D = \{(x,y) \in \mathbb{R}^2 \,|\, x^2 + y^2 - 2y \le 0, x \le y, x \ge 0\}$, i es considera la integral $I = \displaystyle\iint_D f(x,y)\, dxdx$.

1. Escriu $I$ en coordenades cartesianes en un dels dos ordres possibles.

   **Solució** Per escriure la integral ens pot anar bé dibuixar el recinte.

   - La primera desigualtat $x^2 + y^2 - 2y \le 0$ és equivalent a $x^2 + (y-1)^2 \le 1$ i descriu els punts interiors a la circumferència de centre $(0,1)$ i radi $1$.
   - La desigualtat $x \le y$ ens indica que $D$ conté punts per sobre de la recta $x = y$, i $x \ge 0$ indica que ens trobem al semiplà de la dreta.

- La recta $x = y$ talla la circumferència $x^2 + y^2 - 2y = 0$ en els punts que compleixen $y = x$ i $2x^2 - 2y = 0$, és a dir, $(0,0)$ i $(1,1)$.

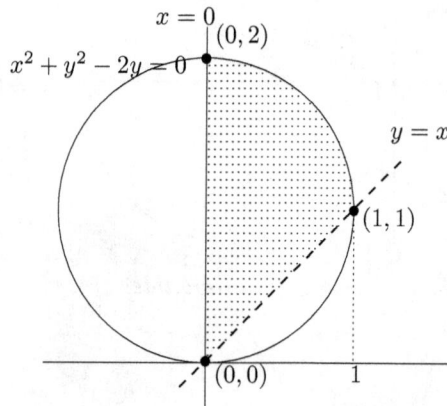

Figura 6.10: *Descripció en coordenades cartesianes de la regió interior a $x^2 + y^2 - 2y = 0$, per sobre de $x = y$ en el semiplà de la dreta.*

Per determinar els límits d'integració, observem que, en el recinte, la variable $x$ es mou entre 0 i 1. Si fixem $x$, el recorregut de la variable $y$ és $x \leq y \leq 1 + \sqrt{1-x^2}$ (entre la recta $y = x$ i la meitat de la circumferència $x^2 + y^2 + 2y = 0$ corresponent a aïllar $y$, prenent l'arrel quadrada positiva).

La integral s'escriurà, per tant,

$$I = \int_0^1 \int_x^{1+\sqrt{1-x^2}} f(x,y)\, dy\, dx$$

**Observació** Si triem l'ordre d'integració invers, hem de descompondre la integral en suma de dues. El resultat seria

$$I = \int_0^1 \int_0^y f(x,y)\, dx\, dy + \int_1^2 \int_0^{\sqrt{2y-y^2}} f(x,y)\, dx\, dy$$

2. Calcula, en coordenades polars, $\iint_D xy\, dx\, dy$.

**Solució** Les equacions que determinen els límits del recinte es poden escriure fàcilment en coordenades polars:

- $x = 0$ és equivalent a $\theta = \frac{\pi}{2}$.
- $x = y$ és equivalent a $\theta = \frac{\pi}{4}$.
- $x^2 + y^2 - 2y = 0$ és equivalent a $r - 2\sin\theta = 0$.

Dibuixem el recinte, amb la descripció en polars.

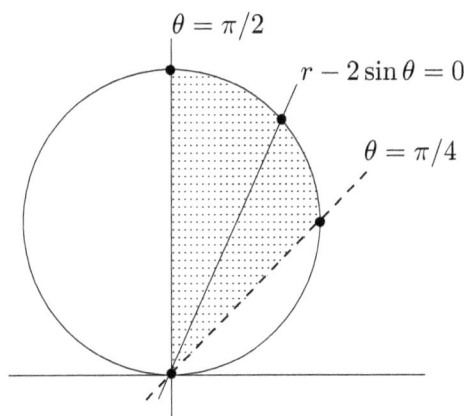

*Figura 6.11: Descripció en coordenades polars de la regió interior a $r - 2\sin\theta = 0$, entre els angles $\theta = 0$ i $\theta = \frac{\pi}{4}$*

Per passar a polars, només hem de tenir en compte que

$$\frac{\pi}{4} \le \theta \le \frac{\pi}{2}$$

A continuació, hem de veure, fixat $\theta$, quin és l'interval de variació del radi. Com que l'equació de la circumferència $x^2 + y^2 - 2y = 0$ és $r - 2\sin\theta = 0$, tindrem

$$0 \le r \le 2\sin\theta$$

A més, hem de recordar que la funció s'ha de mltiplicar per $r$.

La integral s'escriu i es calcula:

$$I = \int_0^1 \int_x^{1+\sqrt{1-x^2}} xy \, dy \, dx = \int_{\frac{\pi}{4}}^{\frac{\pi}{2}} \int_0^{2\sin\theta} r\cos\theta \cdot r\sin\theta \cdot r \, dr \, d\theta =$$

$$= \int_{\frac{\pi}{4}}^{\frac{\pi}{2}} \int_0^{2\sin\theta} r^3 \cos\theta \sin\theta \, dr \, d\theta == \int_{\frac{\pi}{4}}^{\frac{\pi}{2}} \left[ \cos\theta \sin\theta \cdot \frac{r^4}{4} \right]_0^{2\sin\theta} d\theta =$$

$$= \int_{\frac{\pi}{4}}^{\frac{\pi}{2}} 4\cos\theta \sin^5\theta \, d\theta = \left[ \frac{2\sin^6\theta}{3} \right]_{\frac{\pi}{4}}^{\frac{\pi}{2}} = \frac{2}{3} - \frac{2}{3}\left( \frac{\sqrt{2}}{2} \right)^6 = \frac{2}{3}\left( 1 - \frac{1}{8} \right) = \frac{7}{12}$$

## 6.3   Càlcul de volums

**Problema 6.11** Calcula el volum $V$ interior a les dues superfícies $x^2 + y^2 + z^2 = 4$ i $x^2 + y^2 = z^2$ amb $z \ge 0$.

**Solució** L'equació $x^2 + y^2 + z^2 = 4$ és l'equació de l'esfera de centre $(0,0,0)$ i radi 2 l'equació $x^2 + y^2 = z^2$ és l'equació d'un con amb vèrtex $(0,0,0)$ i eix de revolució vertical. El problema demana calcular el volum interior a aquestes dues superfícies, en el semiespai superior, $z \ge 0$.

La intersecció de l'esfera i el con és

$$x^2 + y^2 + z^2 = 4$$
$$x^2 + y^2 = z^2$$

Igualant trobem $2z^2 = 4 \Rightarrow z = \sqrt{2}$ i, per tant, $x^2 + y^2 = 2$. Aquest cercle ens indica el recinte on haurem d'integrar.

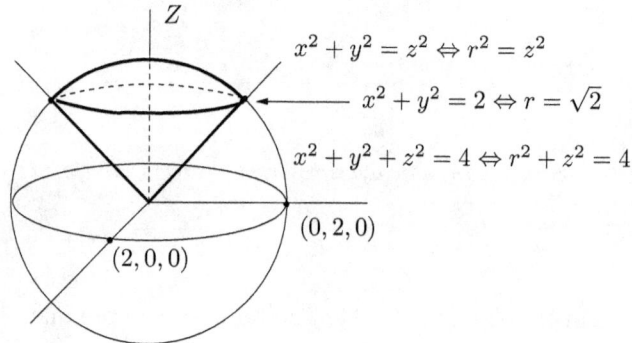

Figura 6.12: Volum interior a les dues superfícies $x^2 + y^2 + z^2 = 4$ i $x^2 + y^2 = z^2$

Podem donar una altra representació de $V$, ja que es tracta d'un sòlid de revolució. Això es veu sobre el dibuix, però també si passem a coordenades cilíndriques les equacions que el determinen, la de l'esfera i la del con: en cap d'elles apareix $\theta$. L'esfera $x^2+y^2+z^2 = 4$ s'escriu en cilíndriques $r^2 + z^2 = 4$, i el con $x^2 + y^2 = z^2$ s'escriu en cilíndriques $r^2 = z^2$.

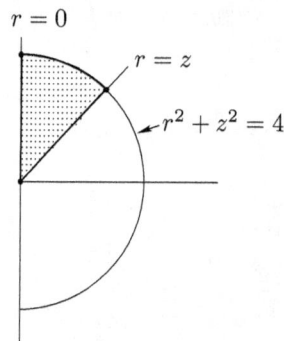

Figura 6.13: Secció vertical del sòlid de revolució interior a les dues superfícies $x^2 + y^2 + z^2 = 4$ i $x^2 + y^2 = z^2$

El volum $V$ és la diferència entre el volum limitat per l'esfera i el volum limitat pel con, en el recinte del pla interior a la circumferència $x^2 + y^2 = 2$. Haurem d'integrar $z_{esf} - z_{con}$, on $z_{esf}$ és el resultat d'aïllar $z$ en l'equació $x^2 + y^2 + z^2 = 4$, i $z_{con}$ és el resultat d'aïllar $z$ en l'equació

$x^2 + y^2 = z^2$. La integral resulta més senzilla en coordenades polars. Per escriure la integral només ens cal observar:

- La funció que ens dóna el volum és, en polars, $f(r, \theta) = \sqrt{4 - r^2} - r$, multiplicada per $r$.
- Els límits d'integració són $0 \le r \le \sqrt{2}, \quad 0 \le \theta \le 2\pi$.

Tindrem, doncs,

$$V = \int_0^{\sqrt{2}} \int_0^{2\pi} (\sqrt{4 - r^2} - r) \cdot r \, d\theta \, dr = \int_0^{\sqrt{2}} (r\sqrt{4 - r^2} - r^2) \, dr \int_0^{2\pi} d\theta = 2\pi \int_0^{\sqrt{2}} (r\sqrt{4 - r^2} - r^2) \, dr =$$

$$= 2\pi \left[ -\frac{1}{3}\sqrt{4 - r^2}^3 - \frac{1}{3}r^3 \right]_0^{\sqrt{2}} = \frac{\pi}{3} \left( 16 - 8\sqrt{2} \right)$$

**Problema 6.12** Calcula el volum determinat per la regió $V$ interior a $x^2 + y^2 + (z - 2)^2 = 4$ i a $x^2 + y^2 + z^2 = 4$.

**Solució** El recinte és l'interior a dues esferes de radi 2, la de centre l'origen i la de centre $(0, 0, 2)$.

La intersecció de les dues esferes és

$$\begin{aligned} x^2 + y^2 + (z - 2)^2 &= 4 \\ x^2 + y^2 + z^2 &= 4 \end{aligned}$$

Restant trobem $(z - 2)^2 - z^2 = 0 \Rightarrow -4z + 4 = 0 \Rightarrow z = 1$ i, per tant, $x^2 + y^2 = 3$. Això és una circumferència de radi $\sqrt{3}$ i centre a l'eix $Z$, situada al pla horitzontal d'altura 1, $z = 1$.

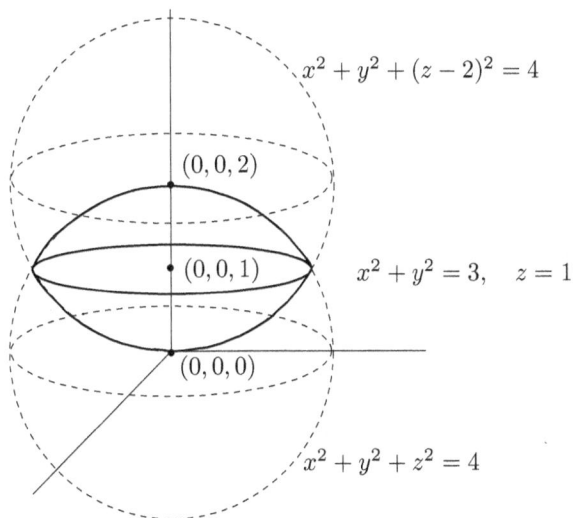

Figura 6.14: Volum interior a les dues esferes $x^2 + y^2 + (z - 2)^2 = 4$ i a $x^2 + y^2 + z^2 = 4$

Podem donar una altra representació de $V$, ja que es tracta d'un sòlid de revolució. Això es veu sobre el dibuix, però també si passem a cilíndriques les dues equacions de les esferes: en cap d'elles apareix $\theta$. L'esfera $x^2 + y^2 + z^2 = 4$ s'escriu en cilíndriques $r^2 + z^2 = 4$, i l'esfera $x^2 + y^2 + (z-2)^2 = 4$ s'escriu en cilíndriques $r^2 + (z-2)^2 = 4$.

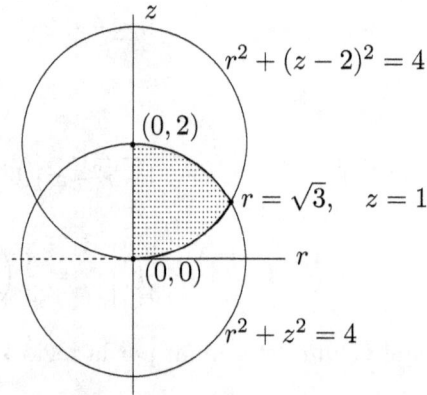

*Figura 6.15: Secció vertical del sòlid de revolució interior a les dues esferes $x^2 + y^2 + (z-2)^2 = 4$ i a $x^2 + y^2 + z^2 = 4$*

En el volum $V$, l'esfera de centre $(0,0,0)$ queda per sobre de l'esfera de centre $(0,0,2)$. Aïllem $z$ en les dues equacions i restem la més petita de la més gran. Obtenim la funció a integrar: $f(x,y) = \sqrt{4 - x^2 - y^2} - (2 - \sqrt{4 - x^2 - y^2}) = 2\sqrt{4 - x^2 - y^2} - 2$. El recinte del pla on hem d'integrar és el recinte limitat per la circumferència d'equació $x^2 + y^2 = 3$. En polars, doncs, l'angle $\theta$ es mou entre 0 i $2\pi$ i el radi $r$, entre 0 i $\sqrt{3}$. Amb aquestes observacions ja podem escriure la integral:

- La funció a integrar és $f(r,\theta) = 2\sqrt{4 - r^2} - 2$, multiplicada per $r$.
- Els límits d'integració són $0 \le \theta \le 2\pi$, $\quad 0 \le r \le \sqrt{3}$.

Tindrem doncs

$$V = \int_0^{2\pi} \int_0^{\sqrt{3}} (2r\sqrt{4 - r^2} - 2r)\, dr\, d\theta = \int_0^{2\pi} \int_0^{\sqrt{3}} (2\sqrt{4 - r^2} - 2)r\, dr\, d\theta =$$

$$= \int_0^{2\pi} \left[ -\frac{2}{3}(\sqrt{4 - r^2})^3 - r^2 \right]_0^{\sqrt{3}} d\theta = \int_0^{2\pi} \frac{5}{3}\, d\theta = \left[ \frac{5}{3} \cdot \theta \right]_0^{2\pi} = \frac{10\pi}{3}$$

**Observació** Aquest recinte es pot descriure també en coordenades cartesianes, fent variar la $x$ i la $y$ de manera que descriguin el cercle de radi $\sqrt{3}$, $x^2 + y^2 \le 3$.

Els límits d'integració en cartesianes serien

$$-\sqrt{3} \le x \le \sqrt{3}$$
$$-\sqrt{3 - x^2} \le y \le \sqrt{3 - x^2}$$

I el volum es podria calcular mitjançant la integral

$$\int_{-\sqrt{3}}^{\sqrt{3}} \int_{-\sqrt{3-x^2}}^{\sqrt{3-x^2}} (2\sqrt{4 - x^2 - y^2} - 2)\, dx\, dy$$

**Problema 6.13** Calcula el volum $V$ limitat en el primer octant per l'interior a les superfícies $z = 3 - x^2 - y^2$ i $x^2 + y^2 = 2$.

**Solució** La superfície $z = 3 - x^2 - y^2$ és un paraboloid amb el vèrtex al punt $(0, 0, 3)$, que talla el pla $z = 0$ en una circumferència de radi $\sqrt{3}$. La superfície $x^2 + y^2 = 2$ és un cilindre de radi $\sqrt{2}$. El volum és la part corresponent al primer octant de l'interior al cilindre, limitat per baix pel pla $z = 0$ i per dalt pel paraboloid.

La intersecció del cilindre amb el paraboloid és

$$
\begin{aligned}
2 &= x^2 + y^2 \\
z &= 3 - x^2 - y^2
\end{aligned}
$$

Sumant trobem $2 - z = 3 \Rightarrow z = 1$, amb $x^2 + y^2 = 2$. Això és la circumferència de radi $\sqrt{2}$ que descriu el cilindre, en el pla horitzontal $z = 1$.

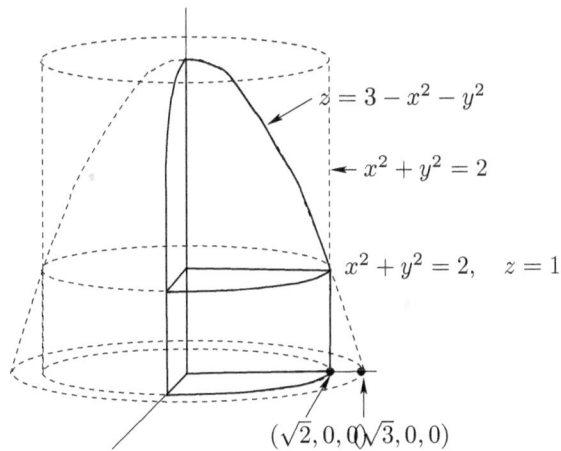

*Figura 6.16: Volum limitat en el primer octant per l'interior a les superfícies $z = 3 - x^2 - y^2$ i $x^2 + y^2 = 2$*

Tal com es veu en el dibuix, el sòlid $V$ és fàcil de descriure en coordenades cilíndriques, ja que el sòlid és de revolució.

Si no tenim en compte l'angle, podem dibuixar una secció vertical del sòlid, representant el paraboloid i el cilindre com mitja paràbola i una recta en el pla $RZ$. Per descriure el volum interior al cilindre i el paraboloid, en el primer octant, només hem d'afegir una rotació de l'angle entre $0$ i $\pi/2$ per fer girar aquesta figura plana respecte l'eix vertical $Z$.

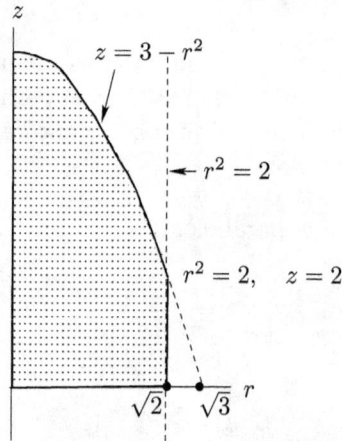

*Figura 6.17: Secció vertical del sòlid de revolució interior a les superfícies $z = 3 - x^2 - y^2$ i $x^2 + y^2 = 2$*

La regió del pla on haurem d'integrar és l'interior de la circumferència d'equació $x^2 + y^2 = 2$, corresponent al primer quadrant. La funció a integrar, que ve donada per l'equació del paraboloid, és $z = 3 - x^2 - y^2$. El paraboloid en coordenades cilíndriques té equació $z = 3 - r^2$. Amb aquestes observacions ja podem escriure la integral:

- La funció a integrar és, en polars, $f(r, \theta) = 3 - r^2$, multiplicada per $r$.
- Els límits d'integració són $0 \le r \le \sqrt{2}, \quad 0 \le \theta \le \pi/2$.

Tindrem, doncs,

$$V = \int_0^{\sqrt{2}} \int_0^{\pi/2} (3 - r^2) r \, d\theta \, dr = \int_0^{\sqrt{2}} (3r - r^3) \, dr \int_0^{\pi/2} d\theta = \left[ \frac{3}{2} r^2 - \frac{1}{4} r^4 \right]_0^{\sqrt{2}} \cdot [\theta]_0^{\pi/2} = \pi$$

www.ingramcontent.com/pod-product-compliance
Lightning Source LLC
Chambersburg PA
CBHW051223200326
41519CB00025B/7228